全国高等院校统编教材·设计学类专业

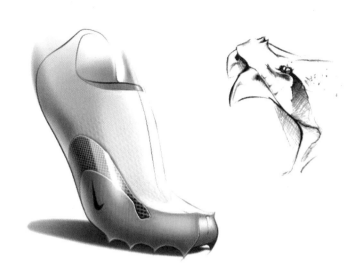

产品设计
计算机快速表达

Photoshop、SAI及数位板

张蓓蓓　李　存　李建民／编著

U0195442

海洋出版社

2014年·北京

内 容 简 介

本书从理论和实践相结合的角度出发，将数位板引入产品设计教学，并结合 Photoshop、SAI 二维软件的基础知识和在产品设计计算机快速表达中的应用技法，帮助读者提高产品设计计算机快速表达的能力。

本书共分为 10 章，重点介绍了产品设计计算机快速表达的概念；常用软件和基本知识；Photoshop 与产品设计计算机快速表达；SAI 与产品设计计算机快速表达；数位板与计算机快速表达；产品设计计算机快速表达要素及流程；光影处理方法；产品表面材质效果表达；产品细节处理方法等，并通过绘制家用吸尘器、耳麦、剃须刀、电钻、运动鞋、摩托车、汽车、沙滩车、工程车 9 个范例，介绍了使用数位板并结合 Photoshop、SAI 绘制产品的方法和技巧；最后为优秀作品赏析，列举了一些经典的家电类、交通工具类以及其他类工业产品的效果图。

本书可作为全国高校工业设计专业相关课程教材，产品设计从业人员的自学指导书。

图书在版编目(CIP)数据

产品设计计算机快速表达：Photoshop、SAI 及数位板/张蓓蓓，李存，李建民编著.—北京：海洋出版社，2014.10

ISBN 978-7-5027-8954-1

Ⅰ.①产… Ⅱ.①张… ②李… ③李… Ⅲ.①产品设计—计算机辅助设计—应用软件 Ⅳ.①TB472-39

中国版本图书馆 CIP 数据核字(2014)第 219911 号

总 策 划：刘斌	发 行 部：(010) 62174379（传真）(010) 62132549	
责任编辑：刘斌	(010) 62100075（邮购）(010) 62173651	
责任校对：肖新民	网 址：http://www.oceanpress.com.cn/	
责任印制：赵麟苏	承 印：北京画中画印刷有限公司	
排 版：海洋计算机图书输出中心 晓阳	版 次：2014 年 10 月第 1 版	
出版发行：海洋出版社	2014 年 10 月第 1 次印刷	
	开 本：880mm×1230mm 1/16	
地 址：北京市海淀区大慧寺路 8 号（707 房间）	印 张：14	
100081	字 数：336 千字	
经 销：新华书店	印 数：1～4000 册	
技术支持：010-62100059	定 价：49.00 元 （含 1DVD）	

本书如有印、装质量问题可与发行部调换

前　言

　　近年来，随着计算机技术的快速发展，计算机绘图替代了手工绘图。计算机绘图具有修改方便、处理效果多样化、画面真实等特点。但是也有一定的局限性，例如渲染时间较长，制作效果有时感觉呆板，难以给人自然洒脱的设计感受，更体现不出设计师的艺术修养。而电脑数位板的应用和其相应的软件逐渐成熟为计算机绘图带来了新的发展方向，并且广泛应用于插图、游戏、动漫、环艺等设计领域。我们尝试将数位板引入产品设计教学，以满足设计方案的快速表达。在这项工作中通过一些探索与实践，我们逐渐摸索出了一些方法和技巧，希望借助本书与大家分享。

　　我们研究产品设计计算机快速表达，是为了在产品设计计算机表现图的多样性和趣味性上有所突破，希望能对大家的学习有所帮助。本书涉及的产品案例和表现效果很多，从理论和实践相结合的角度出发，以图文并茂的方式重点讲述Photoshop、SAI二维软件的基础知识和在产品设计计算机快速表达中的应用技法。通过大量的设计实例的制作过程，讲解具体的软件操作步骤和技巧，并且穿插讲述产品设计计算快速表达应用中的实战经验。同时，本书还为大家提供带有图层的源文件和适合自学的PPT教案。初学者可以通过反复模仿绘图过程，达到举一反三、融会贯通，从而跨越式地提高产品设计计算机快速表达的能力。

　　本书是作者多年设计实践和教学成果的总结，希望通过本书的出版和设计教育界的同仁们加强交流。本书由张蓓蓓、李存、李建民编著，本书在编写过程中得到了毛斌、闫莹以及凌继超、刘毓芃、程方冰的帮助，在此对他们表示感谢。由于编者水平所限，对于书中存在的不足之处，恳请专家和同行多提宝贵建议。

图 9-1　家用吸尘器绘制效果

图 9-65　耳麦绘制效果

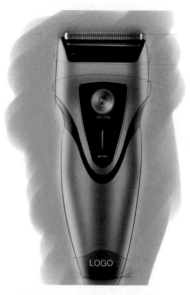

图 9-117　剃须刀绘制效果

图 9-167　电钻绘制效果

图 9-206　运动鞋绘制效果

图 9-228　摩托车绘制效果

图 9-260　汽车绘制效果

图 9-280　沙滩车绘制效果

图 9-302　工程车绘制效果

目　录

第 1 章　产品设计计算机快速表达概述 ……………………………1

  1.1　产品设计计算机快速表达的概念 ………………………………1

  1.2　产品设计计算机快速表达常用软件 ……………………………3

  1.3　产品设计计算机快速表达的基本知识 …………………………5

    1.3.1　数字图像的种类 …………………………………………5

    1.3.2　图像尺寸、文件大小和分辨率 …………………………6

    1.3.3　图像分辨率 ………………………………………………7

    1.3.4　文件格式 …………………………………………………7

    1.3.5　色彩模式 …………………………………………………9

  1.4　课堂总结 ………………………………………………………10

  1.5　课后习题 ………………………………………………………10

第 2 章　Photoshop 与产品设计计算机快速表达 ………11

  2.1　Photoshop 软件介绍 …………………………………………11

  2.2　Photoshop 界面及常用设置 …………………………………11

    2.2.1　Photoshop 界面介绍 …………………………………11

    2.2.2　Photoshop 常用设置 …………………………………14

  2.3　产品设计计算机快速表达中 Photoshop 的常用功能 ………17

    2.3.1　路径工具 …………………………………………………17

    2.3.2　绘图工具 …………………………………………………18

    2.3.3　滤镜工具 …………………………………………………25

  2.4　课堂总结 ………………………………………………………26

  2.5　课后习题 ………………………………………………………26

第 3 章　SAI 与产品设计计算机快速表达 ………………27

  3.1　SAI 界面及常用设置 …………………………………………27

    3.1.1　SAI 界面介绍 …………………………………………27

    3.1.2　SAI 常用设置 …………………………………………30

3.2 产品设计计算机快速表达中 SAI 常用功能 ·············· 32

3.3 课堂总结 ·· 36

3.4 课后习题 ·· 36

第 4 章　数位板与计算机快速表达 ·························· 37

4.1 认识数位板 ··· 37

4.1.1 数位板构成 ·· 37

4.1.2 数位板相关设置 ····································· 39

4.2 认识数位绘画 ·· 42

4.3 课堂总结 ·· 44

4.4 课后习题 ·· 44

第 5 章　产品设计计算机快速表达要素及流程 ·········· 45

5.1 产品设计计算机快速表达要素 ·························· 45

5.1.1 透视 ··· 45

5.1.2 明暗 ··· 46

5.1.3 色彩 ··· 47

5.1.4 质感 ··· 47

5.1.5 氛围 ··· 48

5.2 产品设计计算机快速表达绘制流程 ··················· 48

5.2.1 轮廓绘制 ··· 48

5.2.2 颜色绘制 ··· 49

5.2.3 质感与细节绘制 ····································· 50

5.2.4 环境绘制及效果调整 ······························ 50

5.3 课堂总结 ·· 52

5.4 课后习题 ·· 52

第 6 章　光影处理方法 ··· 53

6.1 常用光源 ·· 53

6.2 不同形体光影表现效果 ···································· 55

6.2.1 简单几何形体光影表现效果——球体绘制案例 ······ 55

6.2.2 复杂形体光影表现效果——点火器绘制案例 ······ 57

6.3 课堂总结 ·· 63

6.4 课后习题 ·· 63

第 7 章　产品表面材质效果表达 ····························· 64

7.1 塑料材质效果表达 ·· 65

7.1.1 高光泽塑料效果表达 ······························ 65

7.1.2 高光泽塑料椭圆体绘制案例 ······················ 66

7.1.3 低光泽塑料效果表达 ······························ 69

　　　　　7.1.4　低光泽塑料椭圆体绘制案例 ┈┈┈┈┈┈┈┈┈┈┈┈ 69

　　　7.2　金属材质效果表达 ┈┈┈┈┈┈┈┈┈┈┈┈┈┈┈┈┈┈┈┈┈ 72

　　　　　7.2.1　高光泽金属效果表达 ┈┈┈┈┈┈┈┈┈┈┈┈┈┈┈┈ 73

　　　　　7.2.2　高光泽金属椭圆体绘制案例 ┈┈┈┈┈┈┈┈┈┈┈┈ 73

　　　　　7.2.3　低光泽金属效果表达 ┈┈┈┈┈┈┈┈┈┈┈┈┈┈┈┈ 74

　　　　　7.2.4　低光泽金属椭圆体绘制案例 ┈┈┈┈┈┈┈┈┈┈┈┈ 74

　　　7.3　玻璃材质表面效果表达 ┈┈┈┈┈┈┈┈┈┈┈┈┈┈┈┈┈┈ 77

　　　　　7.3.1　透明玻璃效果表达 ┈┈┈┈┈┈┈┈┈┈┈┈┈┈┈┈┈ 77

　　　　　7.3.2　透明玻璃椭圆体绘制案例 ┈┈┈┈┈┈┈┈┈┈┈┈┈ 78

　　　　　7.3.3　半透明玻璃效果表达 ┈┈┈┈┈┈┈┈┈┈┈┈┈┈┈ 79

　　　　　7.3.4　半透明玻璃椭圆体绘制案例 ┈┈┈┈┈┈┈┈┈┈┈ 79

　　　7.4　课堂总结 ┈┈┈┈┈┈┈┈┈┈┈┈┈┈┈┈┈┈┈┈┈┈┈┈┈┈ 81

　　　7.5　课后练习 ┈┈┈┈┈┈┈┈┈┈┈┈┈┈┈┈┈┈┈┈┈┈┈┈┈┈ 81

第 8 章　产品细节处理方法 ┈┈┈┈┈┈┈┈┈┈┈┈┈┈┈┈┈┈┈┈┈ 82

　　　8.1　按键细节表达 ┈┈┈┈┈┈┈┈┈┈┈┈┈┈┈┈┈┈┈┈┈┈┈ 82

　　　　　8.1.1　播放器按键绘制案例 ┈┈┈┈┈┈┈┈┈┈┈┈┈┈┈ 82

　　　　　8.1.2　汽车局部按键绘制案例 ┈┈┈┈┈┈┈┈┈┈┈┈┈┈ 90

　　　　　8.1.3　汽车控制台按键绘制案例 ┈┈┈┈┈┈┈┈┈┈┈┈┈ 93

　　　8.2　透明屏细节表达 ┈┈┈┈┈┈┈┈┈┈┈┈┈┈┈┈┈┈┈┈┈┈ 97

　　　　　8.2.1　电子显示屏绘制案例 ┈┈┈┈┈┈┈┈┈┈┈┈┈┈┈ 97

　　　　　8.2.2　光学镜头绘制案例 ┈┈┈┈┈┈┈┈┈┈┈┈┈┈┈┈ 99

　　　　　8.2.3　汽车仪表盘绘制案例 ┈┈┈┈┈┈┈┈┈┈┈┈┈┈ 104

　　　8.3　发光效果表达 ┈┈┈┈┈┈┈┈┈┈┈┈┈┈┈┈┈┈┈┈┈┈ 107

　　　8.4　结构细节表达 ┈┈┈┈┈┈┈┈┈┈┈┈┈┈┈┈┈┈┈┈┈┈ 111

　　　　　8.4.1　吸尘器结构细节绘制案例 ┈┈┈┈┈┈┈┈┈┈┈┈ 112

　　　　　8.4.2　产品散热孔结构细节绘制案例 ┈┈┈┈┈┈┈┈┈ 117

　　　8.5　课堂总结 ┈┈┈┈┈┈┈┈┈┈┈┈┈┈┈┈┈┈┈┈┈┈┈┈ 121

　　　8.6　课后习题 ┈┈┈┈┈┈┈┈┈┈┈┈┈┈┈┈┈┈┈┈┈┈┈┈ 121

第 9 章　产品案例实训 ┈┈┈┈┈┈┈┈┈┈┈┈┈┈┈┈┈┈┈┈┈┈┈ 122

　　　9.1　绘制家用吸尘器 ┈┈┈┈┈┈┈┈┈┈┈┈┈┈┈┈┈┈┈┈┈ 122

　　　　　9.1.1　绘制吸尘器主体主体 ┈┈┈┈┈┈┈┈┈┈┈┈┈┈ 124

　　　　　9.1.2　绘制吸尘器的按钮和显示屏 ┈┈┈┈┈┈┈┈┈┈ 127

　　　　　9.1.3　绘制吸尘器主体的散热孔和风管口 ┈┈┈┈┈┈ 128

　　　　　9.1.4　绘制吸尘器的把手和车轮 ┈┈┈┈┈┈┈┈┈┈┈ 131

　　　　　9.1.5　吸尘器的整体调整 ┈┈┈┈┈┈┈┈┈┈┈┈┈┈┈ 132

　　　　　9.1.6　绘制吸尘器 Logo 和产品型号说明文字等贴图 ┈┈ 134

　　　9.2　绘制耳麦 ┈┈┈┈┈┈┈┈┈┈┈┈┈┈┈┈┈┈┈┈┈┈┈┈ 135

　　　　　9.2.1　绘制耳麦的耳壳部分 ┈┈┈┈┈┈┈┈┈┈┈┈┈┈ 136

9.2.2　绘制耳机的耳垫部分 ……………………………………… 140

9.2.3　绘制支架、头带、麦克风、导线等 ………………………… 143

9.2.4　绘制文字以及背景 …………………………………………… 144

9.3　绘制剃须刀 ……………………………………………………… 146

9.3.1　绘制剃须刀的基本轮廓 ……………………………………… 147

9.3.2　绘制剃须刀主体色 …………………………………………… 147

9.3.3　绘制剃须刀主体的立体明暗效果 …………………………… 149

9.3.4　绘制剃须刀按钮 ……………………………………………… 149

9.3.5　绘制剃须刀刀头部分 ………………………………………… 152

9.3.6　绘制剃须刀高光和 LOGO 等细节 …………………………… 154

9.4　绘制电钻 ………………………………………………………… 155

9.4.1　起线稿并绘制电钻机头 ……………………………………… 156

9.4.2　绘制电钻机身 ………………………………………………… 158

9.4.3　绘制电钻把手 ………………………………………………… 159

9.4.4　绘制电钻的电池仓 …………………………………………… 160

9.4.5　绘制电钻按钮和按键 ………………………………………… 161

9.4.6　绘制电钻的文字以及背景 …………………………………… 162

9.5　绘制运动鞋 ……………………………………………………… 162

9.5.1　扫描鞋子线稿并调整亮度和对比度 ………………………… 163

9.5.2　绘制鞋子主体色和明暗 ……………………………………… 164

9.5.3　绘制鞋子强反光材质区域 …………………………………… 165

9.5.4　绘制鞋子鞋舌、LOGO 等部分 ……………………………… 167

9.5.5　最终调整和背景处理 ………………………………………… 168

9.6　绘制摩托车 ……………………………………………………… 170

9.6.1　绘制摩托车线稿及主体色 …………………………………… 171

9.6.2　绘制摩托车反光镜和车前玻璃罩 …………………………… 173

9.6.3　绘制摩托车发动机部分 ……………………………………… 175

9.6.4　绘制摩托车的轮毂和轮胎等 ………………………………… 177

9.6.5　绘制摩托车的 LOGO 文字及背景阴影 ……………………… 179

9.7　绘制汽车 ………………………………………………………… 181

9.7.1　绘制汽车线稿 ………………………………………………… 181

9.7.2　绘制汽车主体色 ……………………………………………… 182

9.7.3　绘制汽车的立体明暗效果 …………………………………… 184

9.7.4　绘制汽车的车窗等细节 ……………………………………… 185

9.7.5　绘制汽车的高光和整体调整 ………………………………… 186

9.8　绘制沙滩车 ……………………………………………………… 186

9.8.1　沙滩车线稿及主体色绘制 …………………………………… 187

9.8.2　绘制沙滩车背景 ……………………………………………… 189

9.8.3　肌理添加及整体效果调整 …………………………………… 191

9.9　绘制工程车 ································ 192

　　9.9.1　工程车线稿绘制及整体设色 ········· 193

　　9.9.2　绘制工程车分层设色 ············· 194

　　9.9.3　绘制工程车色彩及背景 ··········· 195

　　9.9.4　添加工程车肌理及调整效果 ········· 197

9.10　课堂总结 ·································· 198

9.11　课后练习 ·································· 198

第 10 章　优秀作品赏析 ······················ 199

10.1　家电类产品欣赏 ························ 199

10.2　交通工具类产品欣赏 ···················· 203

10.3　其他产品欣赏 ·························· 213

第 *1* 章　产品设计计算机快速表达概述

计算机在工业设计中具有不可取代的作用，它的可修改、易保存、表现能力强和数控程度高等方面的优势是其他设计工具不可替代的。产品设计计算机快速表达正是这样一种以现代技术为依托，以数字化、信息化为特征，使用计算机参与新产品开发研制的新型设计模式。产品设计计算机快速表达的目的是提高工作效率，增强设计过程及结果表达的科学性、可靠性和完整性。

1.1　产品设计计算机快速表达的概念

1. 工程产品设计计算机快速表达的概念

产品设计计算机快速表达是指应用数位板的绘图技术和计算机二维软件进行产品设计表达的过程。在计算机辅助工业设计的发展过程中，三维软件一直都是教学的核心内容，是设计表达的主要手段和方法。随着各类软件的不断升级，以及手绘数位板技术的成熟发展和广泛应用，平面二维软件以其快捷、简便的操作特点和能与手绘技法的艺术性相结合的优势，在产品设计表达中的应用得到了深入发展。由于它可以直接且快速绘制产品效果图，并且能够达到真实的三维效果，所以受到越来越多产品设计师的青睐，成为目前比较流行的一种重要设计表达方法，并在公司、企业的实际设计中发挥着重要作用。同时，通过数位板与二维软件，将手绘表达与计算机快速表达有机结合，促进了现代设计技术手段的发展和进步，是现代设计理念发展的结果。

在以"计算机快速表达"的理念为指导进行产品设计时，不要单纯学习某个软件，而是要综合学习多种平面二维软件，了解多种平面二维软件之间的共享技术，将它们有机地融合，建立一种多个二维软件综合应用的计算机快速设计表达理念。

2. 产品设计计算机快速表达的分类

产品设计计算机快速表达的效果图根据用途分为两大类：一类是作为产品设计师与普通客户、管理人员之间进行沟通和交流使用的工具，其画面要求产品不管是平面投影效果图还是立体透视效果图的形态转折、空间关系、色彩、肌理质感等内容能够真实、客观地预见和反映产品的信息。此类效果图主要用于产品管理决策部门对产品设计方案的评审过程，是产品工程设计部门对产品进行工程设计的重要依据和参照，如图 1-1 所示。

图 1-1　移动电源六视图

另一类用于产品的设计方案展示和广告宣传阶段，其表现重点为产品研发的创新点。因此表达效果会使用突出和夸大手段来处理产品自身效果，以及产品使用环境的效果，如图 1-2 ～图 1-5 所示。

图 1-2　起亚车型设计

图 1-3　奥迪概念车设计

图 1-4　概念车设计

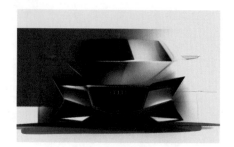

图 1-5　奥迪车型设计

3. 产品设计计算机快速表达在产品设计中的作用

产品设计计算机快速表达是通过数位板将手绘和计算机处理技术相结合的过程。手绘快速表达的方法有利于抓住稍纵即逝的灵感，保持了设计思维的连续性。把计算机二维软件的绘图技法与手绘快速表达技法有机结合，帮助设计师把头脑中天马行空的思路、崭新的灵感、独特的创意随时记录下来，并适时地对设计思路进行阶段性修改、归纳和提炼，为设计细节的进一步深化打下扎实的基础。产品设计计算机快速表达文件修改起来非常方便，如果操作熟练其效果比手绘的效果更为理想。

产品设计计算机快速表达的出现对于设计的意义并不仅仅在于它对工业设计发挥着辅助设计的作用，更重要的是它联系着设计的传统与未来。通过数位板，它融合了传统的设计方式和手绘技能，同时又包含了电子世界的独特装饰语言。从设计的整个流程可以看出，计算机对工业设计的影响已经从具体方式、方法的层面向上延伸到设计观念的层面。产品设计计算机快速表达可以提高作图效率，增强设计过程及结果表达的科学性、可靠性、完整性，并且能积极地适应日新月异的信息化的生产制造方式。

目前，产品设计公司在设计流程上，一般将初期绘制的草图在设计中心讨论后，直接使用二维软件制作成二维渲染效果图，呈交设计组评议，呈交的二维渲染效果图方案可以充分体现设计产品的细节。当方案确定后进入三维制作阶段。设计师设计制作三维模型的目的是为了制作模具。二维渲染图的环节比较节省时间，大大缩短产品开发周期，是非常重要的步骤。在设计过程中，如果直接从草图跳跃到三维制作，可能会有一个很大的落差。因为草图绘制是设计师构思的过程，在这个过程中会有很多改变，制作二维渲染图可以有助于两个环节的衔接。如果设计公司给客户呈现二维渲染图，让他们从中选出 2 到 3 个方案，然后再由设计师制作三维效果或手模，会节约很多建模和三维渲染时间。这样，大量的时间和精力可以用在分析、评价、调整上，使传统的设计程序在重点上有了变化，这也是产品设计计算机快速表达所带来的革新。

设计一个产品可能会产生不同方案，但设计元素相同的时候，综合应用二维软件制作起来就很简单。在相关平面软件中可以非常方便地排列组合图层中的元素或替换颜色效果，以达到同一产品不同的视觉效果，如图 1-6 所示。

图 1-6　优盘设计色彩方案

1.2　产品设计计算机快速表达常用软件

绘制满意的效果图并非是件容易的事，不仅要了解设计的思维方法，还要懂得绘画语言、色彩规律以及在二维平面上进行三维造型所需要的操作技巧。产品设计计算机快速表达常用的绘制软件有 CorelDRAW、Illustrator、Photoshop 等。它们可以单独绘制，也可以综合使用。目前，随着数位板的广泛应用，与数位板配合使用的 Painter、SAI、SketchBook 等软件也进入了产品设计计算机快速表达中。

在绘制产品效果图的过程中，每套软件都有自己的优缺点，重点是找到适合自己的软件，根据自己的喜好和熟练程度来选择，充分发挥其优势，软件之间做好互相搭配的工作，更快更真实地表达产品效果。下面对常用软件进行介绍。

1. CorelDRAW

CorelDRAW 是 Corel 公司开发的图形设计软件，该软件操作简单，系统性和条理性强，界面设计友好，易于学习。CorelDRAW 是以矢量绘图为基础的绘图软件，也可以用于图文混排，开启界面如图 1-7 所示。

2. Illustrator

Illustrator 是美国 Adobe 公司推出的专业矢量绘图工具。Illustrator 是用于出版、多媒体和在线图像的工业标准矢量插画软件。该软件的线稿可以提供无与伦比的精度和控制，可以制作各种小型设计和大型的复杂项目。作为全球最著名的图形软件 Illustrator 以其强大的功能和体贴用户的界面占据了全球矢量编辑软件中的大部分份额，开启界面如图 1-8 所示。

3. Photoshop

Photoshop 是 Adobe 公司推出的位图绘图软件。该软件作为目前世界上最优秀的平面图像处理软件之一，为计算机图像处理开辟了一个全新的领域。其应用范围非常广泛，如效果图的后期处理、广告设计、牌匾灯箱设计、标志 CI 设计、印刷设计、网页图像制作、新闻出版等领域，开启界面如图 1-9 所示。

4. SketchBook

SketchBook 是围绕 Alias 特有的 Marking Menu 技术开发的绘图软件。该软件不仅有桌面版，还有移动版和在线版。本节我们以 Autodesk SketchBook Designer 为例做一下介绍。SketchBook 具有强大的曲线创建和编辑功能；能够处理矢量、混合矢量文件；具有图层工作流程、动态图像操作（变形）功能以及先进的遮罩工作流程等。该软件还具有 SketchBook Pro、DWG 互操作性等。SketchBook 并不是基于图像的，而是基于图形的，所以线条画错了可以轻易修改路径，这一点和 CorelDRAW、Illustrator 相同，但是它又与 Photoshop 类似，具有极其强大的位图渲染功能。所以，该软件的表现效果要比常见的图形处理软件好很多。Autodesk SketchBook Designer 和 SketchBook 家族里的其他绘图软件，改变了数码草图绘制、标注和展示等方法，为计算机绘图带来了全新的工作感受，开启界面如图 1-10 所示。

5. Painter

Painter 是由 Corel 公司出品的专业绘图软件，Painter 最令人称道的地方就是画刷功能。利用数位板和压感笔，结合 Painter 软件能模拟 400 多种笔触，如水彩、油画、丙烯、铅笔、钢笔、蜡笔、粉笔、喷雾枪等，凡是艺术家平时使用的画笔效果，Painter 均能模仿。同时，该软件与 Adobe Photoshop 兼容，两个软件共同使用可以使绘制效果更加

图 1-7　CorelDRAW 开启界面

图 1-8　Illustrator 开启界面

图 1-9　Photoshop 开启界面

图 1-10　SketchBook Designer 开启界面

精彩，开启界面如图 1-11 所示。

6. SAI

SAI 全称为 Easy Paint Tool SAI，是专门用于计算机绘图的软件。这套软件相当小巧，约 3M 大，免安装，而且硬盘使用量少，对计算机配置要求不高。这款软件具有友好的操作界面。无论是 Painter 还是今天的 SAI，都是以细致的笔触见长。SAI 问世初期在动漫领域使用较多。随着免安装，硬盘使用量小等优势的凸显，在产品设计领域也开始应用。开启界面如图 1-12 所示。

根据目前在产品设计专业二维软件教学的普及程度、相关学习素材的多少以及软件安装的难易程度多方面考虑，本书选取 Photoshop、SAI 两种二维设计软件配合数位板用实例讲解产品效果的绘制。学会综合运用这些软件，并建立一种综合应用多个二维平面软件进行计算机辅助快速设计表达的理念，有助于掌握计算机快速表达的方法。

图 1-11　Painter 开启界面

图 1-12　SAI 开启界面

1.3　产品设计计算机快速表达的基本知识

1.3.1　数字图像的种类

数字图像是二维或三维景物呈现在人眼中的影像，即图像转换成能够直接被计算机所接受和处理的数字信息。根据计算机文件内表达和生成的方法不同，数字图像分为矢量图 (Vector) 和位图 (Bitmap) 两大类。不同类型的图像性质各有不同。

1. 位图

位图图像在技术上又称为栅格图像，即用栅格、点阵来表达图像。它是通过不同颜色、亮度、对比度的像素来表现图像。每个像素都有自己特定的位置和颜色值。位图图像的编辑和处理实际上就是对位图图像上的像素点的色彩和明暗进行编辑和处理。一幅图像包含固定数量的像素，如果将位图图像放大之后便可以看到它由许多的"像素点"组成。因此，如果在屏幕上对图像进行无限放大，图像会呈现锯齿状，效果会失真，如图 1-13、图 1-14 所示。

图 1-13　图像 100% 显示效果　　　图 1-14　图像 200% 显示效果

在图像类型转化和位图处理过程中，由于操作问题，自然图像可能会损失一些信息，但由于分辨率高，在一定程度上，人的眼睛并不能辨别出来，图像仍然可以表现出细微层次的颜色变化和立体阴影的真实效果。如果分辨率设置过低，人眼就能够感觉到位图图像的像素点，图像也会变得模糊不清。高、低分辨率图像比较效果如图 1-15 ~ 图 1-17 所示。

| 图 1-15 分辨率为 300 像素／英尺效果 | 图 1-16 分辨率为 100 像素／英尺效果 | 图 1-17 分辨率为 72 像素／英尺效果 |

2. 矢量图

矢量图也叫向量图，它是由矢量线条组成，用数学模式对物体进行描述并建立的图像。矢量图中的各种图形元素称为对象，每个对象都是独立的个体，都具有大小、颜色、形状、轮廓等属性。

由于矢量图像是以数学公式的方式保存，所以矢量图的清晰度与分辨率无关。它可以任意尺寸缩放，也可以按任意分辨率打印输出。不管图片大小如何，放大之后具有同样的视觉细节、清晰度和光滑边缘效果，如图 1-18、图 1-19 所示。矢量图一般占用容量比较小，但这种图形的缺点是不易制作色调丰富的图像，并且绘制的图形无法像位图那样描绘各种绚丽的景象。矢量图是表现标志图形、工程平面图的最佳选择。

| 图 1-18 矢量图显示 100% 效果 | 图 1-19 矢量图显示 300% 效果 |

1.3.2 图像尺寸、文件大小和分辨率

图像尺寸、文件大小和分辨率是 3 个互相关联的量。图像尺寸是指图像的宽度和高度。由于单位不同，所以图像尺寸有多种表达方法，常用单位有英寸、厘米、像素。在打印机等设备上输出的图像，一般使用

厘米或英寸作为度量单位；在屏幕上显示的图像，一般用像素作为度量单位。一张图片单位面积内的像素越多，文件尺寸就越大，图像的效果就越好，图像的文件大小与其像素尺寸成正比。同时，文件大小也与图像分辨率成正比，分辨率越大，文件就越大，反之就越小。

1.3.3　图像分辨率

分辨率有多种，我们经常用到的是图像分辨率、设备分辨率、屏幕分辨率 3 种，这三种分辨率适用于不同的场合和文件。

1. 图像分辨率

图像分辨率是指图像中存储的信息量。以位图分辨率为例，指在单位长度内所含像素点的多少，常以每英寸的像素数来表示，即像素/英寸、像素 / 厘米，如图 1-20 所示。高分辨率的图像可以呈现出更多的细节和更细致的颜色过渡。图像分辨率和图像尺寸一起决定图像文件的大小及输出质量。它们的值越大，图像文件所占用的磁盘空间也就越大，进行打印或修改图像等操作所花的时间也就越多。图像分辨率可以修改，但对于低分辨率的图像，提高它的分辨率并不会改善图像的品质。因为提高分辨率只是将原来已有的像素信息扩散到更多的像素中，并没有增加新的像素信息。这一点在图像处理时一定要注意，文件分辨率在由大改小时，一定要谨慎，因为当完成保存后，将无法回到以前高分辨率的清晰程度。

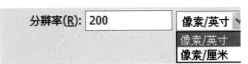

图 1-20　Photoshop 分辨率选择对话框

2. 设备分辨率

设备分辨率又称输出分辨率，是指各类输出设备每英寸上可产生的点数，如喷墨打印机、激光打印机、热敏打印机、绘图仪的分辨率。这种分辨率通过 dpi 这个单位来衡量。一般 dpi 数值越高，效果越好。多数桌面激光打印机的分辨率为 600dpi，而照排机的分辨率为 1200dpi 或更高。

3. 屏幕分辨率

屏幕分辨率是显示器上每个单位长度显示的像素数目。屏幕分辨率取决于显示器大小及其像素设置。一般要求在 1024×768 像素以上。而对于一些宽屏显示器，可以通过 Windows 操作系统的"显示属性"对话框将显示器设置为最大分辨率，显示属性对话框如图 1-21 所示。

1.3.4　文件格式

文件格式是指电脑存储文字与图形图像所建立文件的方式，一幅数字图像必须以某一种格式"写"在磁盘上，如果没有选择正确的文件格式，那么图像在下次读入、读出时就可能发生变形或读识错误。每种文件格式都有其优缺点，保存时要根据应用环境和软件来进行文件格式的选取。一般大型的平面设计软件，可以支持大部分的图像格式，能够比较轻松地在各种图像格式间进行转换。我们也可以使用一些专用的图像格式转换软件进行更多格式的图像转换。图像文件的格式表现在该文件

图 1-21　显示属性对话框

的扩展名上。下面重点介绍几个常用的文件格式。

1. TIFF 格式

TIFF 是 Tagged Image File Format 的缩写，即为标签图像文件格式。它是创建色彩通道图像最有用的格式。一个在 PC 上存储的 TIFF 图像可以被 Macintosh、Unix 平台及其他专业平台读取。TIFF 使用了一种无损失的压缩方案，它在压缩时不涉及图像像素，能保持原有图像的颜色及层次，其文件占用空间比较大，因此 TIFF 格式常应用于较专业的用途，如印刷制版行业等。

2. EPS 格式

EPS 是 Encapsulated Post Script 的缩写。EPS 格式最常用于存储矢量图形，也可用来存储位图图像。因此，EPS 格式经常被用作交互使用的文件格式。例如，Illustrator 软件制作出来的流动曲线、简单图像和专业图像一般都存储为 EPS 格式，以方便 Photoshop 读取文件；在 Photoshop 中，也可以把图形文件存储为 EPS 格式，以便在排版类的 PageMaker 和绘图类的 Illustrator 等其他软件中使用。

3. PSD 格式

PSD 是 Photoshop 软件专用图像格式，此格式的文件包含制作过程步骤的图层、通道等特殊处理信息，所以图像文件占磁盘空间较大。PSD 文件格式由于在其他图形处理软件中没有得到很好的支持，所以其通用性不强。因此，只有在还没有决定图像最终格式的情况下，才用 PSD 格式存储图像，这样在图像中可以留下用户定义的 Alpha 通道和以后工作需要的未合并的图层。

4. BMP 格式

BMP 是 Windows Bitmap 的简称。它可以用于绝大多数 Windows 下的应用程序。BMP 文件格式使用索引色彩，它的图像具有极为丰富的色彩。BMP 格式能够存储黑白图、灰度图和 16MB 色彩的 RGB 图像等。此格式一般多用于视频输出、多媒体演示等情况。在存储 BMP 时可以进行无损失压缩，这样能够节省磁盘空间。

5. GIF 格式

GIF 是 Graphics Interchange Format 的缩写，即为图形交换格式。由于 GIF 格式是经过压缩的格式，所以文件比较小。GIF 格式的图像在压缩过程中，图像的像素资料不会丢失，但图像的色彩会丢失。文件图像的颜色最多不能超过 256 色。因此随着图像处理技术的发展，这种格式的应用性已逐渐下降。但随着网络的发展，GIF 格式又重新得到了广泛的应用。因为 GIF 格式同时支持线图、灰度和索引图像，且支持动画显示和交错显示，从而满足了网络对文件传送速度和页面动态显示的要求。

6. JPEG 格式

JPEG 是 Joint Photographic Experts Group 的缩写，即为联合图片专家组。它是 PhotoShop 中比较常用的存储格式类型。此文件格式支持 Mac、PC 和工作站上的软件。

JPEG 格式是所有压缩格式中最好的。虽然在压缩过程中会损失掉一些数据信息，但压缩前，可以在保存对话框中选择图像的最终质量，压缩比率通常在 2 : 1 ～ 40 : 1 之间，有效地控制了 JPEG 在压缩时的数据量损失。如果选择 Maximum(最高) 项，就可以最大限度地保存图像数据。JPEG 格式的图像主要压缩的是高频信息，对色彩的信息保留较好，因此也普遍应用于需要连续色调的图像中。

1.3.5　色彩模式

人眼根据光线的波长感知颜色。全部色谱的光为白色。在无光的情况下，眼睛感知为黑色。可视光谱由 3 种基本色组成，即红 (R)、绿 (G)、蓝 (B)。这些颜色有色相、饱和度及明度 3 个属性和特征。

由于应用领域的不同，形成了不同的色彩模式，不同的色彩模式有其不同的使用效果。一般常用的色彩模式主要有 RGB 模式、CMYK 模式、灰度模式等几种。

1. RGB 模式

RGB 模式是色光的色彩模式，是一种加色模式。显示器都使用这种模式显示颜色。RGB 分别指 3 个基本颜色 :Red(红)、Green(绿) 和 Blue(蓝)，它通过三种色光叠加而形成更多的颜色。它们可以组合出 1 670 万种不同的颜色。例如，R=0、G=66、B=255 构成一种蓝色，蓝色构成数值如图 1-22 所示。当 RGB 三个值相同时，呈现黑白灰色调；当 3 个值均为 0，则为纯黑色；当 3 个值均为 255 时，为纯白色。黑、白两色构成数值如图 1-23、图 1-24 所示。

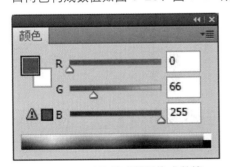 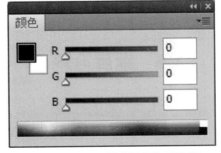 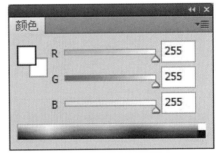

图 1-22　RGB 模式蓝色构成数值　　　图 1-23　RGB 模式黑色构成数值　　　图 1-24　RGB 模式白色构成数值

2. CMYK 模式

CMYK 是青 (Cyan)、洋红 (Magenta)、黄 (Yellow) 和黑 (Black) 的缩写，为了避免与蓝色混淆，黑色用 "K" 而非 "B" 表示，四色模式构成效果如图 1-25 所示。

CMKY 模式在印刷时应用了色彩学中的减法混合原理，即减色色彩模式。该模式常用于制版和印刷。喷墨打印机实行四色打印，也就是用青 (C)、洋红 (M)、黄 (Y)、黑 (B) 四种颜色进行喷墨打印。在 CMYK 模式下，每一种颜色用百分数 0 ～ 100% 来表示，百分数越低颜色越亮。例如，当 C=M=Y=K=0% 时，为纯白色；当 C=M=Y=K=100% 时，为纯黑色。黑、白两色构成数值如图 1-26、图 1-27 所示。

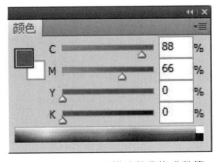

图 1-25　CMKY 模式蓝色构成数值

3. 灰度模式

灰度模式下的图像能呈现出图像的细微明暗过渡层次效果。灰度模式图像的像素颜色用 0 ～ 255 个不同的灰度值表示，其中 0 表示最暗（黑色），255 表示最亮（白色）。该模式有 256 级灰度，K 值用于衡量黑色油墨用量，一个灰度模式的图像只有明暗值，没有色相、饱和度这两种颜色信息。色彩调节选项卡如图 1-28 所示。因此，黑白文件的扫描常采用灰度模式，因为灰度模式图像的黑白灰层次比较清楚，并且生成的文件较小。当一个彩色文件被转换为灰度模式文件时，所有的颜色信息都将从文件中丢失。

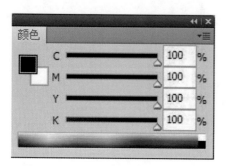

图 1-26　CMKY 模式黑色构成数值

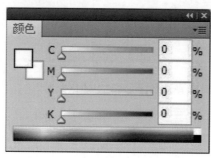

图 1-27　CMKY 模式白色构成数值

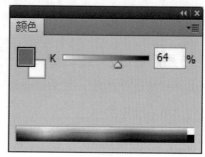

图 1-28　灰度模式色彩调节选项卡

1.4　课堂总结

本章主要讲解了产品设计计算机快速表达的概念、作用、分类，以及计算机快速表达的相关软件和图像基础知识。这些内容都是最为基础的概念，了解这些内容有助于进行后续的学习。

1.5　课后习题

1. 文件格式是指电脑存储文字与图形图像所建立文件的方式，每种文件格式都有其优缺点。保存时要根据＿＿＿＿＿和＿＿＿＿＿来进行文件格式的选取。

2. 绘制过程中，常用的色彩模式主要有＿＿＿＿模式、＿＿＿＿模式、＿＿＿＿模式等几种。

3. 灰度模式下图像的像素颜色 0 表示＿＿＿＿＿＿＿，255 表示＿＿＿＿＿。

第 2 章 Photoshop 与产品设计计算机快速表达

在产品设计计算机快速表达中，使用 Photoshop 绘制的图像细腻、颜色过渡柔和、明暗层次丰富，其逼真程度可以和三维渲染图相媲美。使用 Photoshop 绘制产品效果图，省去了三维建模渲染步骤，可以节省大量的时间，从而使设计师能够更加专注于设计本身。

2.1 Photoshop 软件介绍

Photoshop 是由 Adobe 公司开发的适用于 PC 和 MAC 两个系统的大型图形图像处理和编辑软件。它功能强大、易学易用，受到广大图形图像处理爱好者和平面设计人员的喜爱，成为图像处理领域最流行的软件之一，被称作数字世界的"摄影师"、"图像修描师"、"图形艺术家"，广泛应用于专业绘图、广告印刷、网页设计等领域。

2.2 Photoshop 界面及常用设置

2.2.1 Photoshop 界面介绍

熟悉工作界面是学习 Photoshop 的基础，熟练掌握工作界面的内容，有助于初学者日后得心应手地驾驭该软件。本书以 Photoshop CS6 版本为例给大家做软件相关介绍。Photoshop CS6 的工作界面如图 2-1 所示，主要由标题栏、菜单栏、属性栏、工具箱、控制面板和状态栏组成。

1. 菜单栏

菜单栏中共包括 10 个菜单命令，如图 2-2 所示。通过这些菜单命令可以完成图像的编辑、色彩的调整、滤镜特效等制作。

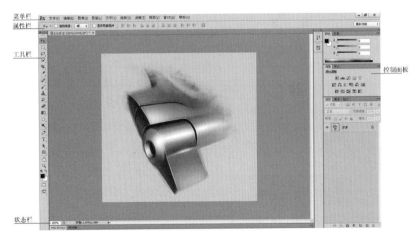

图 2-1 Photoshop CS6 工作界面

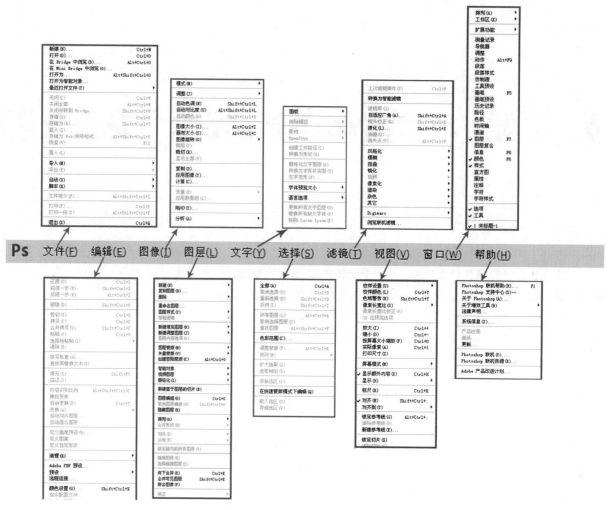

图2-2　Photoshop CS6 菜单命令

图2-3　Photoshop CS6 工具箱

图2-4　工具箱子菜单选择

2. 工具箱

Photoshop CS6 的工具箱中提供了强大的工具，包括选择工具、绘图工具、填充工具、编辑工具、颜色工具、屏幕工具以及快速蒙版工具等，如图2-3 所示。要使用某种工具，只需单击该工具即可。工具变为反白状态，表示已经被选择。工具箱中某些工具的右下角有个小三角符号，这表示在该工具位置上存在着一个级联工具组。单击工具图标不放，然后在打开的相应子菜单中选择相应的工具即可，效果如图2-4 所示。

3. 属性栏

属性栏是工具箱中每个工具的功能扩展。选择了某个工具后，系统将在工具属性栏区域显示该工具的相应参数，修改相应参数，同一工具绘制效果会发生改变。因此可以通过在属性栏中设置不同选项，快速地完成多样化的操作，如2-5 所示。若要复位当前的工具参数或者全部工具参数，可以单击工具属性栏中的三角图标，然后从弹出的菜单中选择"复位工具"或者"复位所有工具"选项，如图2-6 所示。

图2-5　钢笔工具属性栏内容

4. 控制面板

控制面板是处理图像时不可缺少的部分。Photoshop CS6 的界面中为用户提供了多个控制面板组，如图 2-7 所示。可以根据自己的使用需要在"窗口"菜单栏中选择相应的功能面板，如图 2-8 所示。通过不同的功能面板，可以完成图像的色彩调整、图层样式添加、图层顺序调整等。

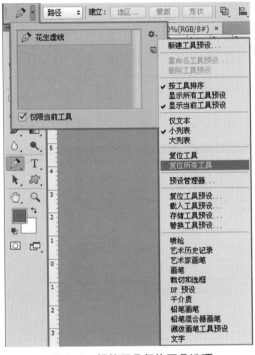

图 2-6　钢笔工具复位工具选项

图 2-7　Photoshop CS6
控制面板组

图 2-8　Photoshop CS6
"窗口"菜单

5. 状态栏

状态栏位于窗口的最底部，由 3 部分组成。该部分提供当前文件的显示比例、文档大小、当前工具、暂存盘大小等信息，如图 2-9 所示。最左侧区域显示图像窗口的显示比例，用户也可以在此窗口中输入数值后按回车键来改变显示比例。中间区域显示图像文件信息，单击小三角可打开级联信息选项，选择其中的不同选项可查看图像文件信息，如图 2-10 所示。

图 2-9　Photoshop CS6 状态栏内容

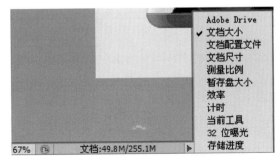

图 2-10　文件信息菜单选项

13

2.2.2 Photoshop 常用设置

1. 快捷键的设置

    学习 Photoshop 时，最好能够灵活运用快捷键。这样可以大大提高作图速度。Photoshop 定义了一些功能的快捷键，工具箱中的各种工具可以使用其英文名称的第一个单词来进行快速选择。例如，套索工具（lasso）的快捷键就是"L"，配合 shift 键，可以进行套索工具中不同内容的切换，如图 2-11 所示。同时，使用者也可以通过"编辑"菜单栏中的"键盘快捷键"菜单命令来进行相应的个性设置，如图 2-12 所示。由于篇章有限，下面仅对常用快捷键附表进行说明，如表 2-1 所示。

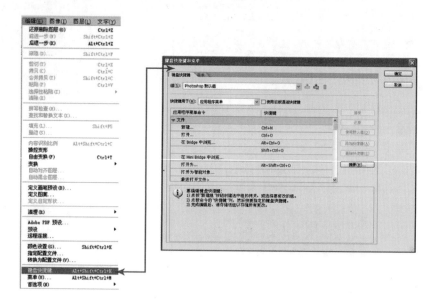

图 2-11 套索工具（lasso）的快捷键　　　　　图 2-12 快捷键个性设置

表 2-1 Photoshop 常用快捷键

图层应用相关快捷键		区域选择相关快捷键	
复制图层	Ctrl+J	全选	Ctrl+A
盖印图层	Ctrl+Alt+Shift+E	取消选择	Ctrl+D
向下合并图层	Ctrl+E	反选	Ctrl+Shift+I
合并可见图层	Ctrl+Shift+E	选择区域移动	方向键
激活上一图层	Alt+ 中括号（】）	恢复到上一步	Ctrl+Z
激活下一图层	Alt+ 中括号（【）	剪切选择区域	Ctrl+X
移至上一图层	Ctrl+ 中括号（】）	复制选择区域	Ctrl+C
移至下一图层	Ctrl+ 中括号（【）	粘贴选择区域	Ctrl+V
放大视窗	Ctrl+ "+"	复制并移动选区	Alt+ 移动工具
缩小视窗	Ctrl+ "–"	增加图像选区	按住 Shift+ 划选区
放大局部	Ctrl+ 空格键 + 鼠标单击	减少选区	按住 Atl+ 划选区
缩小局部	Alt+ 空格键 + 鼠标单击	相交选区	Shift+Alt+ 划选区
前景色、背景色的设置快捷键		画笔调整相关快捷键	
填充为前景色	Alt+Delete	增大笔头大小	中括号（】）
填充为背景色	Ctrl+Delete	减小笔头大小	中括号（【）

（续）

前景色、背景色的设置快捷键		画笔调整相关快捷键	
前黑后白模式	D	选择最大笔头	Shift+ 中括号（】）
前背景色互换	X	选择最小笔头	Shift+ 中括号（【）
图像调整相关快捷键		面板及工具使用相关快捷键	
调整色阶工具	Ctrl+L	快速图层蒙版模式	Q
调整色彩平衡	Ctrl+B	渐变工具快捷键	G
调节色调 / 饱和度	Ctrl+U	矩形选框快捷键	M
自由变性	Ctrl+T	显示或关闭画笔选项板	F5
自动色阶	Ctrl+Shift+L	显示或关闭颜色选项板	F6
去色	Ctrl+Shift+U	显示或关闭图层选项板	F7
文件相关快捷键		显示或关闭信息选项板	F8
打开文件	Ctrl+O	显示或关闭动作选项板	F9
关闭文件	Ctrl+W	显示或隐藏网格	Ctrl+ "
文件存盘	Ctrl+S	关闭或显示工具面板（浮动面板）	Tab
退出系统	Ctrl+Q	显示或隐藏虚线	Ctrl+H

2. 软件运行其他设置

Photoshop 本身并不庞大，但处理图像时对内存要求很高，通常为当前处理图形文件的 5 倍以上。因此在处理高分辨率大幅彩图时比较费时。其实，遇到这种情况，只要增加 Photoshop 可用系统资源，对 Photoshop 的运行环境作合理设置，在操作上再讲究一些技巧，仍然可以获得较快的图像处理速度。

Photoshop 运行速度快慢和处理图像大小的能力与程序设置的"内存使用情况"、"暂存盘大小"、"高速缓存大小"有关。因此，可以调整三者的大小，来满足软件的运行。

首先，可以提高 Photoshop 可用的内存量。在 Windows 中，一般 Photoshop 可用的缺省内存量为当前系统可用量的 60% ~ 75%。如果有特殊需要，可以在"编辑"——"首选项"——"性能" 菜单栏命令中进行"内存使用情况"数值上的调整，如图 2-13 所示。

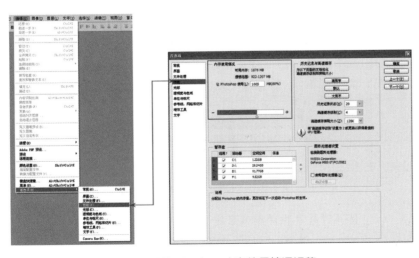

图 2-13 Photoshop 内存使用情况调整

15

其次，Photoshop 在运行的时候，会根据所绘制图像的大小来生成暂时文件，这个暂时文件会影响到 Photoshop 作图速度，所以存储暂时文件的暂存盘空间要尽量大，这样可以保证 Photoshop 的良好运行。在缺省状态下，Photoshop 将 C 盘作为暂存盘，为了提高作图速度，可以将后面的盘符都选为暂存盘。在作图过程中，如果 C 盘存储空间满了，程序会自动默认存储到 D 盘，依此类推，可以在"编辑"——"首选项"——"性能" 菜单命令中进行"暂存盘"多项盘符的勾选，如图 2-14 所示。

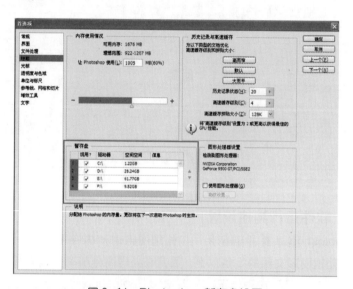

图 2-14　Photoshop 暂存盘设置

最后，还可以使用图像缓存来加速高分辨率图像的重画。可以在"编辑"——"首选项"——"性能"菜单命令中更改缓存的大小，输入的有效值在 1 ~ 8 之间，数值越大，屏幕重画越快，但缓存占用的内存也越多。如果系统的内存充足，缓存的大小应设为最大，如图 2-15 所示。

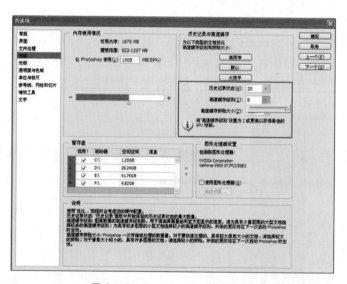

图 2-15　Photoshop 缓存设置

以上是通过程序相关设置来提高 Photoshop 操作性能的方法。在平时作图过程中，注意一下作图的细节问题，也可以提高处理图像的速度。例如，为图形设置适当的分辨率和尺寸。如果制作的文件要进行分色，

应先在 RGB 模式下编辑，输出前再转换成 CMYK 模式，因为 RGB 文
件大小只有 CMYK 的 75%。

2.3　产品设计计算机快速表达中Photoshop的常用功能

Photoshop 的功能很多，本章节我们将介绍在产品设计计算机快速
表达中经常使用的工具，对于其他工具的使用，在后面章节的案例制作
中会有所介绍。

2.3.1　路径工具

路径对于 Photoshop 绘图来说是一个非常好的工具。使用路径可
以进行复杂图像的选取，可以存储选取区域以备再次使用，还可以绘制
线条平滑的优美图形。绘制路径和调整路径主要使用 ⬙（钢笔工具）、
⬙（形状工具）和 ⬙（路径选择工具），如图 2-16 ～图 2-18 所示。

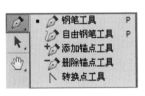

图 2-16　钢笔工具

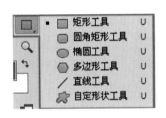

图 2-17　形状工具

图 2-18　路径选择工具

同时，还可以配合使用路径面板一起来对路径进行编辑，实现对路
径的显示、隐藏、复制、删除、描边、填充等操作，如图 2-19 所示。
路径面板可以在"窗口"——"路径"菜单命令中调出。

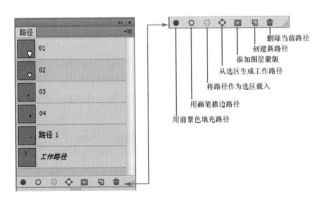

图 2-19　路径面板

按住 Shift 键创建锚点时，将强迫系统以 45°或 45°的倍数绘制
路径。按住 Ctrl 键，可以暂时将 ⬙（钢笔工具）转换成 ⬙（直接选择
工具）。按住 Alt 键，当 ⬙（钢笔工具）移动到锚点上时，可以暂时将
⬙（钢笔工具）转换为 ⬙（转换点工具）。

如果使用形状工具绘制路径，需要将形状工具属性栏中的"形状"
改选为"路径"，如图 2-20 所示。

图 2-20　形状工具属性栏

2.3.2　绘图工具

在使用 Photoshop 时，熟练地掌握各种绘图工具的操作技巧，可以对图像的编辑处理做到游刃有余。本节将介绍画笔、标尺、填充等绘图工具的具体使用方法。

1. 画笔工具

使用数位板绘制产品效果图时，经常使用 Photoshop 工具箱中的 ✎（画笔工具）。画笔的使用方法、笔刷设置等都关系到作品的绘制风格与最后效果的成败。

✎（画笔工具）与 ✎（铅笔工具）都是绘制过程中的主要应用工具，这两种工具的使用方法相同，位于工具箱中的同一位置，如图 2-21 所示，两者除了画出的线条质感不同，其他设置基本相同。通过配合画笔工具属性栏里的相关设置，可以绘制出不同画笔效果，如图 2-22 所示。

图 2-21　画笔与铅笔工具

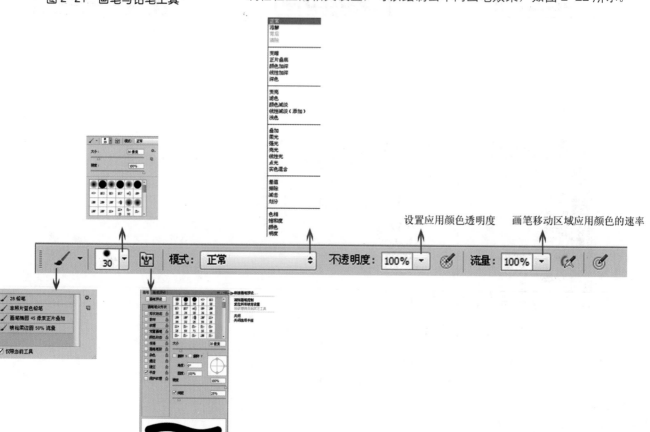

设置应用颜色透明度　　画笔移动区域应用颜色的速率

图 2-22　画笔工具属性栏内容

（1）更改笔尖的显示方式

在画笔预设选取器中，可以看到笔尖是以小图标的形式进行显示，画笔名称往往是看不到的，为了方便笔尖的选择和设置，可以更改笔尖列表的显示方式。打开画笔预设选取器菜单，菜单中提供了 6 种笔尖显示方式，其中的"大列表"方式是图标和笔尖名称共同显示，比较适合教学和早期学习使用，如图 2-23 所示。

（2）自定义画笔笔尖

Photoshop 笔刷库中已经提供了非常多的笔尖样式，均保存在 Photoshop 安装目录下的 Presets\Brushes 文件夹中，这些笔尖样式可以任意载入或替换原有笔尖。但由于绘图的多样性，有时还需要根据场景设定新的笔尖图案，具体操作如下：

首先，新建画纸并且绘制所需的笔尖样式，也可以使用选取工具在现有图片上选取内容作为新建画笔的笔尖样式，如图 2-24 所示。

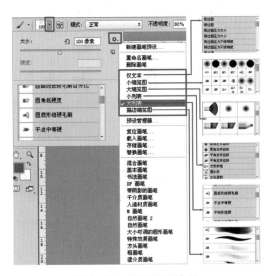

图 2-23　笔尖显示种类

图 2-24　画笔预设图样

然后，选择"编辑"——"定义画笔预设"菜单命令，弹出"画笔名称"对话框，修改画笔名称为"五星画笔 1"，如图 2-25、图 2-26 所示。笔尖图案自动转换成灰色图，并显示在画笔预设选取器的列表框中，如图 2-27 所示。

图 2-25　画笔预设菜单命令

图 2-26　画笔预设命名

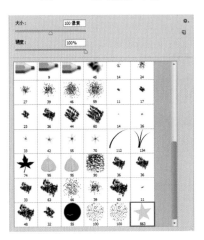

图 2-27　画笔预设图样显示效果

19

对于新建的笔尖样式，需要注意其边缘羽化值的设定和色彩明度两个要素。它们关系着创建笔尖的边缘效果和笔尖深浅效果。同一笔尖形状由于预设笔尖的颜色明度和边缘羽化数值不同，画笔使用相同前景色时，表现在画面上的画笔效果也不相同，如图2-28所示。

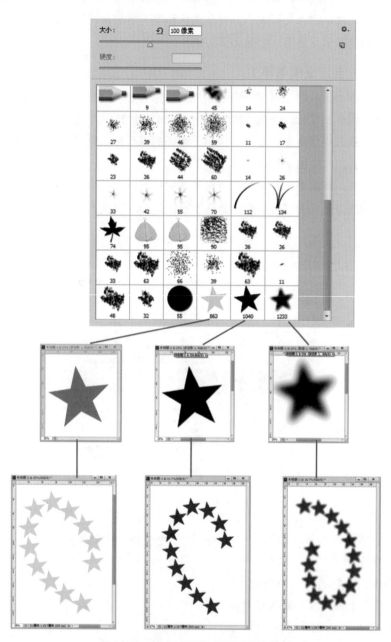

图 2-28　笔尖明度生成不同画笔效果

（3）画笔细节调整

设置"画笔"面板是使用数位板着色的关键，关系到着色时画笔的硬度、大小、种类、颜色变化等，这些内容都可以通过"画笔"面板来控制调节。

① 设置画笔笔尖形状：在画笔"笔尖形状"选项板中可以选择合适的笔尖，调节它们的大小、方向、比例，设置笔尖的硬度及笔迹之间的距离等，如图2-29所示。

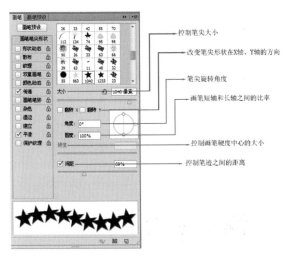

图 2-29　画笔笔尖形状设置

② 设置画笔形状动态：在画笔"形状动态"选项板中，通过设置
不同的控制方式，可以改变描边路线中笔迹的大小、角度以及圆度的变
化，如图 2-30 所示。

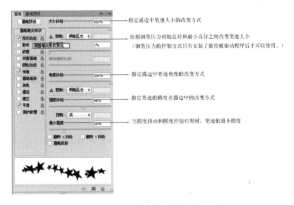

图 2-30　画笔形状动态设置

③ 设置画笔散布：在画笔"散布"选项板中可以确定描边中笔迹
的数目和位置等，如图 2-31 所示。

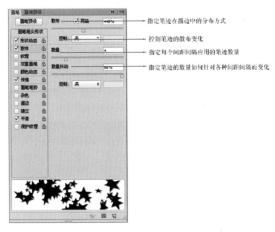

图 2-31　画笔散布设置

④ 设置画笔纹理：可以利用图案表现不同的材质质感和画纸肌理
效果等，如图 2-32 所示。

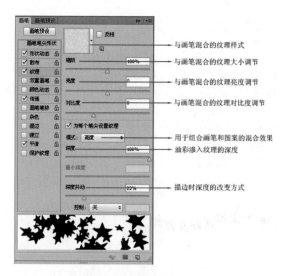

图 2-32　画笔纹理设置

⑤ 设置双重画笔：是指用两个笔尖来创建画笔的笔迹效果，如图 2-33 所示。

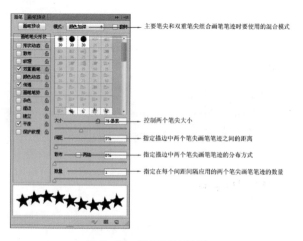

图 2-33　双重画笔设置

⑥ 设置颜色动态：决定描边路线中油彩颜色的变化方式，如图 2-34 所示。

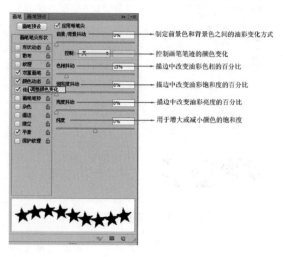

图 2-34　画笔颜色动态设置

⑦ 设置传递：是指通过控制前景色的画笔流量来完成效果，如图 2-35 所示。

⑧ 设置画笔笔势：画笔笔势是 Photoshop CS6 的新功能，主要用来调整特殊画笔的画笔走势，使一支画笔可以产生不同绘制效果，如图 2-36 所示。

图 2-35　画笔传递设置

图 2-36　画笔笔势设置

画笔预设面板中的"杂色"、"湿边"、"建立"、"平滑"、"保护纹理"选项是没有属性调节的，一般配合上面的画笔调整完成。杂色选项没有数值调整，它和笔刷的硬度有关，硬度越小，杂边效果越明显，对于硬度大的笔刷没有明显效果。湿边选项是将笔刷的边缘颜色加深，看起来就如同水彩笔效果一样。平滑选项是为了让鼠标快速移动时也能够绘制较为平滑的线段，该选项在配合数位板使用时需要打开。

（4）画笔混合模式

混合模式其实不仅是应用于画笔中，在很多其他工具中也有混合模式的设置，比如渐变工具、油漆桶工具、形状工具、图层设置等。按照下拉菜单中的分组可以将混合模式分为不同类别：变暗模式、变亮模式、饱和度模式、差集模式和颜色模式，如图 2-37 所示。

2. 标尺和参考线

使用标尺和参考线，可以非常精确地将图像放置到一定的位置。选择"视图"——"标尺"菜单命令，即可在图像中显示标尺。将光标定位在标尺上，单击鼠标左键并拖动鼠标，即可拖拉出参考线，如图 2-38 所示。除了利用标尺和参考线外，利用网格也可以帮助用户精确地定位图像和光标位置，如图 2-39 所示。

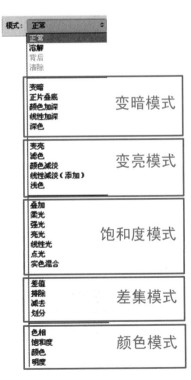

图 2-37　混合模式

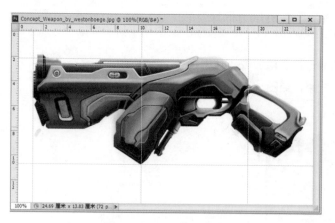

图 2-38　显示标尺效果

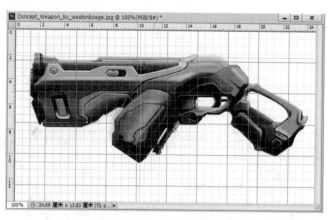

图 2-39　显示网格效果

3. 填充工具

Photoshop 中可以完成填充效果的方法有很多，大多数情况下会使用工具箱中的 ▦.（渐变工具）和 ▩.（油漆桶工具）来进行效果绘制，本节对这两个工具进行具体介绍。

（1）渐变工具

确定好需要填充的选区后，选用渐变工具，属性栏中就会出现与之相对应的相关设置，搭配使用不同设置，可以得到丰富的填充效果，如图 2-40 所示。

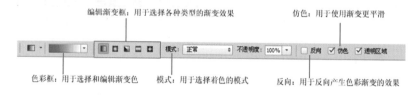

图 2-40　渐变工具属性栏

编辑渐变框中从左往右依次为：线形渐变按钮、径向渐变按钮、角度渐变按钮、对称渐变按钮和菱形渐变按钮。可以根据需要点击色彩框旁边的小三角，选择已有的渐变效果，如图 2-41 所示。或者单击色彩框中任意一种渐变效果，打开"渐变编辑器"对话框进行细节调整，如图 2-42 所示。渐变带中黑白灰色标控制透明度内容，彩色色标控制颜色内容，如图 2-43 所示。拖动上下鼠标位置可以设置不同渐变效果，如果想删除色标，只需将色标选中并拖出对话框，或者选中色标后点击下方"删除"按钮即可。选择新的颜色时，可以双击色标或者选中色标单击下方"颜色"，打开拾色器，为色标选择新的颜色。当渐变效果设定好后，单击"确定"按钮即可使用新的渐变效果。需要注意，渐变工具不能用于位图和索引色彩模式。

（2）油漆桶工具

使用油漆桶工具对区域进行填充时，用户只能选择使用前景色或者图案，而不能选择背景色、灰色等，如图 2-44 所示。因此，使用油漆桶工具前，需要设置好前景色，以方便后期填充使用。

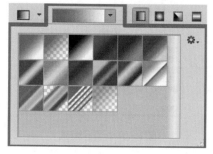

图 2-41　渐变工具中已有渐变效果

图 2-42　渐变编辑器

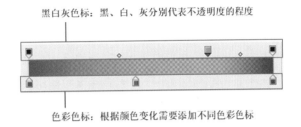

黑白灰色标：黑、白、灰分别代表不透明度的程度

色彩色标：根据颜色变化需要添加不同色彩色标

图 2-43　渐变色设置

图 2-44　油漆桶颜色选择

2.3.3　滤镜工具

Photoshop CS6 的滤镜工具很强大。各种滤镜存放在滤镜库中，并以折叠菜单的方式显示，每一个滤镜都有直观的效果预览，使用十分方便。选择"滤镜"——"滤镜库"菜单命令，弹出"滤镜库"对话框。在对话框中，左侧为滤镜预览框，可显示滤镜应用后的效果；中间为 6 个滤镜组，每个滤镜组下面包含了多个特色滤镜，单击需要的滤镜组，可以浏览滤镜组中的各个滤镜和其相应的滤镜效果；右侧为滤镜参数设置，用来设置对应滤镜的各类参数值，如图 2-45 所示。

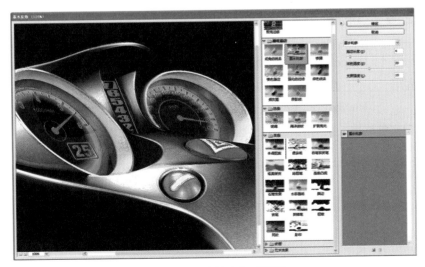

图 2-45　"滤镜库"对话框

除了滤镜库中的滤镜命令外，在"滤镜"菜单中还有"自适应广角"、"镜头校正"、"液化"、"消失点"等滤镜效果。每组滤镜中包含很

25

多可控滤镜效果。例如，打开"滤镜"——"渲染"——"光照效果"菜单命令，在弹出的"光照效果"对话框中可以对样式、光照类型、属性、纹理通道等选项进行设置。该滤镜通过改变 17 种光照方式、3 种光照类型和 4 套光照属性，能够生成各种各样的光照效果。应用光照效果滤镜功能，可以通过效果图局部色影和光照效果的调配，实现图像的综合照明效果。

在产品设计计算机快速表达中，Photoshop 的滤镜功能主要用于产品材质效果的绘制。例如，通过"滤镜"菜单中的"云彩"、"添加杂色"、"晶格化"等命令来绘制木质纹理；通过"高斯模糊"等滤镜命令绘制金属拉丝材质效果等。滤镜工具是帮助和方便设计师进行设计创作和设计表现的利器，它可以大大增加和丰富设计师的创意和表现手段。对于滤镜工具的掌握，除了需要大量的练习外，更需要平时的研究和经验积累。

2.4　课堂总结

本章主要讲述在产品设计计算机快速表达过程中，利用 Photoshop 处理效果图时主要使用的路径工具、绘图工具、滤镜工具等。除了本章讲述的这些工具，当然还需要其他很多工具来配合工作。如果想要更好地表现产品精细的结构造型和丰富细腻的色彩材质效果，图层的应用也非常必要。在绘图过程中，每个操作都应及时建立新图层，这样可以使绘图思路清晰，方便各个操作步骤的单独编辑、修改和管理。由于篇幅有限，本章主要介绍了 Photoshop 这个软件的基本情况和使用技巧。如果是完全没有接触过 Photoshop 软件的用户，可以浏览国内几个门户网站的软件区，丰富教学资源。

2.5　课后习题

1. Photoshop 工具箱中的套索工具（lasso）的快捷键是＿＿＿＿＿，配合＿＿＿＿＿键，可以进行套索工具中不同内容的切换。

2. Photoshop 操作界面中的状态栏由 3 部分组成。该部分提供当前文件的＿＿＿＿＿、＿＿＿＿＿、＿＿＿＿＿、＿＿＿＿＿等提示信息。

3. Photoshop 运行速度快慢和处理图像大小的能力一般是与程序设置方面的＿＿＿＿＿、＿＿＿＿＿、＿＿＿＿＿有关。通过调整三者的大小，来提高软件的运行速度。

4. Photoshop 混合模式分为＿＿＿＿＿模式、变亮模式、＿＿＿＿＿模式、差集模式和＿＿＿＿＿模式。

5. Photoshop 渐变填充等工具的渐变编辑框中的渐变类型有：＿＿＿＿＿、径向渐变、角度渐变、＿＿＿＿＿渐变和＿＿＿＿＿渐变。

第 *3* 章　SAI 与产品设计计算机快速表达

SAI 是 Easy Paint Tool SAI 的简称，它是一款专门用于计算机绘图的软件。这款软件具有颜色混合和渗透、笔刷形状的多样性、自制材质追加等独特功能，为产品设计计算机快速表达提供了很大的方便。

通过 SAI 的手抖修正功能可以有效解决用数位板画图时最大的问题；其具有的矢量化的钢笔图层，能画出流畅的曲线并像 Photoshop 的钢笔工具一样任意调整。SAI 还可以根据画者需要自定义快捷键，使用快捷键可以实现笔刷在画笔和橡皮之间的转换，以及快速 360 度旋转图像等操作。SAI 的简单的笔刷和强力的软化系统，也非常适合在线稿上铺大色调、塑造色彩渐变。

3.1　SAI 界面及常用设置

3.1.1　SAI 界面介绍

SAI 界面分区合理、操作简单，如图 3-1 所示。其中，颜色面板的功能为颜色的选取与记录等。工具面板中包含一些常用工具，如选区工具、移动工具、缩放工具、旋转工具、吸管工具等。笔刷工具栏的功能是选择和调整不同笔触效果。快捷工具栏中不仅包含撤销与重做、取消选择与反选的功能，同时也具有缩放、旋转和水平翻转图像的功能，以及调整抖动修正程度。导航栏可以显示图像的缩略图，能够调整当前的显示区域，并且旋转或缩放画布。图层关联面板中包含调整图层属性的混合模式、不透明度，以及对图层的新建、删除、群组、合并和蒙版等基础功能。视图选择栏用于在多个图像文件之间进行切换。

以调色面板为例做一下详细介绍。在调色面板中，拥有"色轮"、"RGB 滑块"，以及可以对色相、饱和度、亮度进行调整的"HSV 滑块"，还有制作中间色时所使用的"灰度滑块"等各种工具。而且在制作过程中，还可以利用"自定义色盘"将调制好的颜色记录下来。

图 3-1　SAI 工作界面

在调色面板中，最上边显示开关由左到右依次为色轮、RGB 滑块、HSV 滑块、中间色、自定义色盘、便笺本六种色彩管理方式，如图 3-2 所示。

图 3-2　调色面板显示开关

（1）色轮

在外侧的环状色轮上可以调整色相，再从中间的方形区域调节色彩的饱和度、明度，横向可改变饱和度，纵向改变明度，如图 3-3 所示。

（2）RGB 滑块

根据色彩的 RGB 值调色，在调节滑块的同时，配合色轮面板能够较为直观地看出色彩数值的变化范围，如图 3-4 所示。

图 3-3　色轮面板

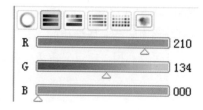

图 3-4　RGB 滑块面板

（3）HSV 滑块

HSV 滑块的基本原理与色轮相同，"H"代表色相，"S"代表饱和度，"V"代表明度，如图 3-5 所示。

色轮与 HSV 滑块同时打开可以发现，调整"H"滑块时色轮外圈中选中色彩的圆点会跟着 H 滑块移动，分别调整"S"与"V"滑块时，色轮中方形区域内的圆点会分别在横向与纵向上移动，如图 3-6 所示。

（4）中间色

选取不同的颜色分别填充在每个色条前后两个方格的区域内，中间部分便会形成两种色彩之间的渐变色。中间色面板可以同时设置四种渐变色条，如图 3-7 所示。

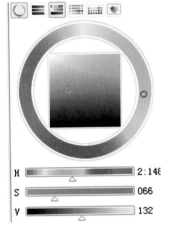

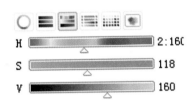

图 3-5　HSV 滑块面板

图 3-6　HSV 滑块与色轮的同步显示

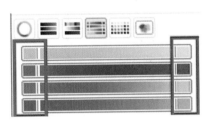

图 3-7　中间色面板

（5）自定义色盘

自定义色盘默认为空的色盘，可以根据自己的习惯或者需要，保存自己的常用色或常用搭配等，如图 3-8 所示。选取了颜色后，用鼠标右键单击空白方格，会弹出"添加色样"的选项，如图 3-9 所示，单击后可以将选取的颜色加入色盘，如果想要删除已添加的色样，使用鼠标右键单击该颜色后再单击"删除色样"选项即可，如图 3-10 所示。

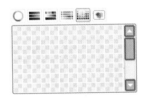

图 3-8　自定义色盘面板

图 3-9　自定义调色面板色样添加

图 3-10　自定义调色面板色样删除

（6）便笺本

便笺本具有比较随意且便捷的记录颜色的功能，它其实相当于一个小型画布，所有笔刷对这个区域都有效。在绘图过程中，画笔在这个小型画布上随时涂抹一笔可以记录调好的颜色。选取便笺本颜色时，单击鼠标右键即可吸取，右上方的清除便笺本按键可以清空区域内的所有颜色。另外它具有单独的撤销和恢复键，与画布中的撤销恢复互不影响，如图 3-11 所示。

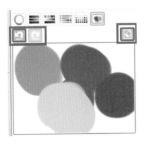

图 3-11　便笺本面板

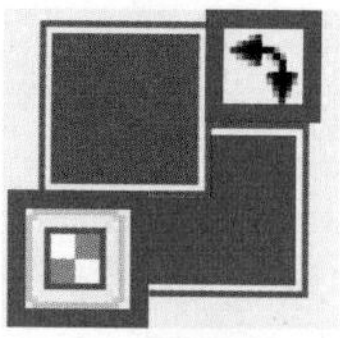

图 3-12　前、后景色置换键与透明色设置键

对于色彩面板中的前景色与背景色，同其他绘图软件一样，左上方的色块为前景色，右下方的色块为背景色，右上方的双向箭头可将前景色与背景色相互替换，左下方的按键可将前景色与透明色切换，如图 3-12 所示。透明色是指画笔画过的位置变为透明。透明色只对当前图层有效，功能与橡皮擦相似，但笔触为当前画笔效果。

3.1.2　SAI 常用设置

1. 快捷键设置

在 SAI 软件中可以对快捷键进行设定，以便调整到适合自己使用的状态。将常用操作设定为快捷键操作，可以让作画效率得到很大提升。可以在"其他"——"快捷键设置"菜单命令中设置快捷键，如图 3-13 所示，或者双击快捷键对应工具进行设置，如图 3-14 所示。

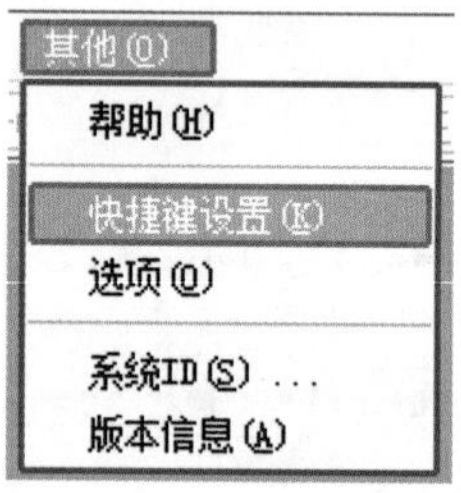

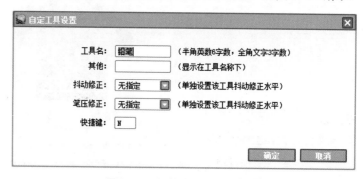

图 3-13　快捷键设置

图 3-14　铅笔自定义工具设置

2. 自定义内容设置

SAI 自定义内容大致可分为"画纸质感"、"笔刷材质"、"笔刷渗透效果"、"笔刷形状" 4 类。对这 4 类自制内容进行内容添加时，必须打开电脑里的 SAI 安装文件夹中的相关文件进行设置。

(1) 自定义画纸质感设置

添加自定义的画纸质感时，首先将自制的 bmp 画纸质感文件放入 papertex 文件夹下，如图 3-15 所示。然后用"记事本"打开 papertex 设置文件，在上面追加"1,papertex\ 文件名 .bmp"，如图 3-16 所示。

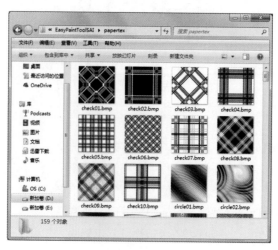

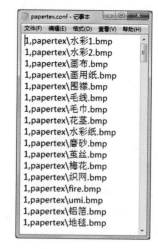

图 3-15　papertex 文件夹

图 3-16　papertex.conf 文件

（2）自定义笔刷材质设置

添加自定义笔刷材质时，首先将自制的 bmp 笔刷材质文件放在 brushtex 文件夹下，如图 3–17 所示。然后用"记事本"打开 brushtex 设置文件，在上面添加"1, brushtex\ 文件名 .bmp"，如图 3–18 所示。

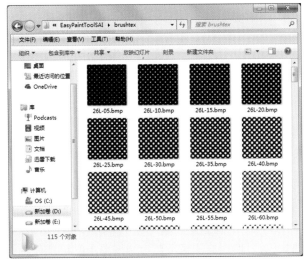

图 3–17　brushtex 文件夹　　　　图 3–18　brushtex.conf 文件

（3）自定义笔刷渗透效果设置

添加自定义笔刷渗透效果时，首先将自制的 bmp 笔刷渗透效果文件放入 blotmap 文件夹下，如图 3–19 所示。然后用"记事本"打开 brushform 设置文件，在上面添加"1, blotmap\ 文件名 .bmp"，如图 3–20 所示。

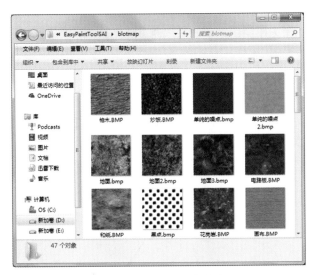

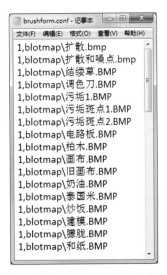

图 3–19　blotmap 文件夹　　　　图 3–20　brushform.conf 文件

（4）自定义笔刷形状设置

添加自定义笔刷形状时，首先将自制的 bmp 笔刷形状文件放入 elemap 文件夹下，如图 3–21 所示。然后用"记事本"打开 brushform. 设置文件，在上面添加"2，elemap\ 文件名 .bmp"，如图 3–22 所示。

图 3-21　elemap 文件夹

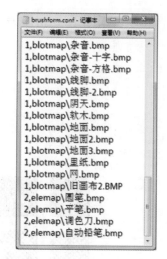

图 3-22　brushform.conf 文件

在自定义添加时需要注意："画纸质感"、"笔刷材质"、"笔刷渗透效果"的自制 bmp 文件的要求相同，都是使用灰度 bmp 图像，大小可以设置为"256×256"、"512×512"、"1024×1024"（单位：pixel）。但添加"笔刷形状"使用的图像，与上面三项不同，具有自己特别的制作方法。具体方法是在大小为"63×63"（pixel）的 bmp 图像中，用 RGB 数值为"0.0.0"的黑点进行打点绘制，最多可以绘制 64 个点。

3.2　产品设计计算机快速表达中 SAI 常用功能

1. 画笔

不同的笔触可以带来不同的线稿效果，通过更换笔刷可以画出更符合产品风格的图像，如图 3-23、图 3-24 所示分别为细致精确和间接粗旷的两种风格线稿，从中可以看出不同的笔刷设置带来的不同视觉效果。在画笔工具面板中集中了多种多样的画笔工具，如图 3-25 所示。通过画笔工具面板，可以对画笔工具进行多样设定。在工具托盘的空白地方单击鼠标右键可以添加自定义笔刷。使用者可以根据自己的绘画习惯，制作出"线条用"、"上色用"等经常使用的画笔，方便以后绘制使用，如图 3-26 所示。

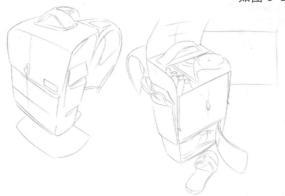

图 3-23　精细线条效果

图 3-24　粗旷线条效果

图 3-25　画笔工具面板

图 3-26　自定义画笔

在这里对涂色时所使用的画笔工具进行一些说明。SAI 拥有多种多样的画笔工具，它们不仅拥有各自的用途，而且预设中有多种设置以营造不同的笔触效果，每种笔刷都有不同的设定值，可以通过对设定值的更改来调整笔刷效果。

以常用的笔刷"笔"为例。笔刷轮廓的锐钝度影响着笔刷效果的柔和程度，如图 3-27 所示，左边是笔刷轮廓锐钝度最低时的效果，右边为最高时的效果，其边缘的柔和程度明显不同。画笔锐度有 4 个等级可以调节，如图 3-28 所示。

图 3-27　画笔轮廓锐钝度

图 3-28　画笔锐度调节 4 级别

在笔刷的详细设置中，勾选笔压"浓度"选项，绘制的颜色浓度就会根据笔压的用力不同发生变化。笔刷浓度影响每笔的深浅与透明度等效果，如图 3-29 所示。如图 3-30 所示为笔刷浓度为 50% 与 100% 时的效果。

如果勾选"直径"选项，勾画出来的线条粗细也会根据笔压的不同发生变化，如图 3-31 所示。"最大直径"是在压感足够大时笔刷可画出的最大的直径，即影响线条粗细的关键值。"最小直径"是一笔中最细部分的直径占最大直径的百分比，笔压越小，直径越接近最小直径，若最小直径为 100%，画笔则没有粗细变化。如图 3-32 所示为从左到右依次为最大直径相同时，最小直径为 100%、50%、0% 的效果。

图 3-29　笔刷浓度调节开关

图 3-30　笔刷浓度 50%、100% 的效果

图 3-31　画笔直径设置

图 3-32　画笔最小直径不同效果

图 3-33　笔刷形状和笔刷材质效果

更改笔刷形状与笔刷材质可以让画面带有肌理效果或者图案纹理。如图 3-33 所示，左边笔刷形状为扩散和噪点的效果，右边笔刷材质为千鸟格子的效果。

笔刷除了上述关键数值的设置外，其效果还会受笔刷的"混色"、"水分量"、"色延伸"数值的影响，如图 3-34 所示。"混色"表示前景色与底色的混合程度，混色值越大，前景色就越容易与底色混合；混色值越小，前景色就越不容易被底色干扰。如图 3-35 所示分别为底色为浅绿色，前景色为蓝色，由左到右的混色值为 100、80、60、30、0 时的混色效果。"水分量"影响笔刷的通透程度，水分量越大，笔刷越透明；水分量越小，笔刷的颜色就越重。如图 3-36 所示为由左到右分别是笔刷水分量为 0、30、60、90 的效果，当水分量为 100 时，笔刷为全透明。"色延伸"影响混色时颜色的延伸效果，色延伸数值越大，延伸效果就越强，反之越弱。

图 3-34　笔刷混色、水分量、色延伸设置

图 3-35　不同混合色值效果　　图 3-36　笔刷不同水分量值效果

在产品设计计算机快速表达绘制中一般会有线稿图层，线稿不同于草稿，它是将草稿归纳整理为平滑利落的线条轮廓。因此，在描线的过程中需要一些辅助的功能。例如，因为手的抖动而无法画出准确的线条，可以调整"抖动修正"的程度，如图 3-37 所示。"抖动修正"具有 23 个等级，这些等级可以不同程度将绘图中因手抖而造成线条的细小弯曲与粗细不匀等忽略，使线条更加平整光滑，等级越高修正程度越高，线条越平滑，等级太高也容易造成一定显示延迟。需要注意，修正程度过大会影响绘画的准确性，所以应选择适合自己绘制效果的"抖动修正"数值。如图 3-38 所示为在同一笔刷的设定下，四条线由上到下抖动修正值分别为 0、8、15、S-7 画出的效果。

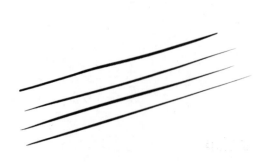

图 3-37　抖动修正选项　　图 3-38　不同抖动修正值的绘制效果

2. 图层

在 SAI 软件的图层功能中，图层混合模式的改变、新建图层、图层组都在图层面板中设置，灵活运用图层，可以使绘制过程变得轻松。通过调整不透明度可以实现半透明效果，因此只要素材不同，即使是很细小的部分也最好分设图层进行操作，如图 3-39 所示。

在产品绘制过程的上色阶段，如果利用图层分出各个需要上色部分，然后勾选"保护不透明度"选项，再配合"剪贴图层蒙版"选项，就无须担心涂色超出范围。例如，在画有底色之类的图层上新建一个图层，勾选"剪贴图层蒙版"选项，新建的图层就只能在下面图层的涂色范围内进行上色。

此外，分图层可以进行各自内容的编辑。因此通过用纸质感或者图层混合模式等功能，可以达到各种各样的效果。图层组也和图层一样，可以使用各种混合模式或者改变不透明度。因此用图层组进行管理，可以同时编辑图层组下的全部图层，如图 3-40 所示。由此可以看出，熟练地使用图层，将各个部分用图层进行分割，可以更加有效地进行产品绘制。

SAI 软件中的图层混合模式种类与 Photoshop 有相似之处，如图 3-41 所示。SAI 中的图层混合模式"发光"是非常重要的功能，甚至可以说是 SAI 最有价值的地方。通过对图层的混合模式进行设定，就能轻松做出各种效果，这也是 SAI 的长处之一。

图层的"向下转写"功能在描线的过程中经常用到。单击"向下转写"可以将当前选中的图层中的内容转移到下面相邻的图层上，下面图层中原有的内容保留不变，当前图层变为空白图层。在绘制线稿时，新建两个图层，在上方的图层中进行描线，线条确认无误时进行"向下转写"，再继续后面的描线，这样在对线条进行修改和擦除时，不会影响到画好的线条，如图 3-42 所示。

图 3-39　图层面板

图 3-40　图层组效果

图 3-41　图层混合模式

图 3-42　图层向下转写

图 3-43 新建钢笔图层

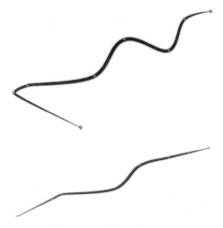

图 3-44 钢笔线条特点

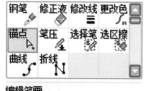

图 3-45 锚点工具

在新建图层时可以选择"钢笔图层"，"钢笔图层"的特点是可以对每个控制点进行调整修改，方便线条的修正，如图 3-43 所示。利用钢笔线条上具有的多个控制点，可以通过锚点工具对控制点进行移动、删除等，如图 3-44、图 3-45 所示。曲线和折线工具可以直接通过确定控制点位置来形成线条。另外，"钢笔图层"与普通图层合并后将变成普通图层，无法再对线条进行修正。

用钢笔图层绘制线条具有局限性，因为它只有一种笔刷，所以绘制线稿效果较少，而且其"最大直径"的最大值只有 30，无法画出较粗的线条。对于钢笔图层的使用，还要根据使用者绘制线条的熟练程度来选择。

对于 SAI 软件的其他功能，由于篇幅限制，在此不再细讲。在后面实际案例的学习和操作中，大家可以体会到 SAI 的独特绘画特点。

3.3　课堂总结

本章主要讲述 SAI 软件的界面、常用设置以及画笔、图层等常用工具。SAI 软件的快捷键可以根据自己作图习惯来指定，一般情况下，SAI 软件的常用快捷键有移动画布："Space"，旋转画布："Alt+Space"；取色："Alt"；全屏显示画布："Tab"；向下合并图层："Ctrl+E"；填充："Ctrl ＋ F"；移动图层："Ctrl"等。

3.4　课后习题

1. SAI 软件的调色面板中有_____、RGB 滑块、_____、灰度滑块等各种色彩调制工具。

2. SAI 软件自定义内容的材质大致可分为_____、笔刷渗透效果、_____、笔刷形状 4 类。

3. SAI 软件的抖动修正具有_____个等级，这项功能可以将绘图中因手抖而造成线条的细小弯曲与粗细不匀等忽略，使线条更加平整光滑，等级越_____修正程度越高，线条越平滑，但同时也容易造成一定显示延迟。

4. SAI 软件的_____向下转写是在描线的过程中经常用到的功能。单击向下转写可以将当前选中的图层中的内容转移到下面相邻的图层中，下面图层中原有的内容依旧保留，当前图层变为_____图层。

第4章 数位板与计算机快速表达

绘图能力是现代设计师与人沟通最基本的工具。如果手绘表达能力较高，有时还可以使用计算机直接画草图，用于方案讨论。现在借助数位板技术，计算机绘图和手工绘图可以有机地融合，这种表达方式打破了手绘设计的常规，可以在短时间内绘制出具有精致细节和丰富场景的产品效果图，因此越来越多的设计师更倾向于这一表现手法。

4.1　认识数位板

伴随着软件与硬件技术的发展，手绘表现的方法也逐渐和计算机结合起来，演绎出更加丰富自由的创意表现形式和日益完美的表现结果。目前很多设计公司、院校及个人设计师都尝试数位板绘画以提高自身的表现技术水准。在市场中主要有 WACOM（影拓系列）、汉王（创艺大师）、友基等知名数位板品牌。其中 WACOM 以相对出色的精确性和技术更新性占据着市场的很大份额。随着数位板技术的成熟，一些国内品牌也在积极推出新品。数位绘制之所以被设计人员所喜爱，是因为数位板可以让你找回拿着笔在纸上画画的感觉，并且还可以利用计算机处理图像的优势，做出传统工具无法实现的效果。

4.1.1　数位板构成

数位板，又称为电子绘图板、绘画板、手绘板等，它是一种基于计算机电磁式输入技术的计算机输入设备。它由一只应用无线无源技术的电子压感笔和一块感应数位板组成，如图 4-1 所示。它和手写板等作为非常规的输入产品相类似。与手写板所不同的是，数位板主要针对设计人员用于绘画创作等方面。它在软硬件配合下可实现模拟传统绘画工具的表现效果。不同品牌、型号的数位板在外观上都有差异，而且各公司不断研发的新产品在外观上也都进行了更人性化的设计和改进，但万变不离其宗，下面分别介绍数位板和压感笔的基本使用功能（本章以影拓4 为例介绍）。

图 4-1　数位板与压感笔

1. 数位板

本书中所使用的数位板主要由绘图区和快捷键按钮区两部分构成，如图 4-2 所示。

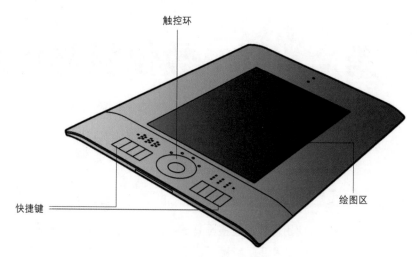

图 4-2　数位板的主要构成部分

（1）绘图区：主要的绘图区域。绘图区相当于作画的纸。

（2）快捷键：任何一款数位板的绘图区域和快捷键都是必不可少的，但是快捷按钮的位置和使用方式会有不同。有些数位板的快捷按钮是菜单形式的快捷方式，位于数位板的最上方，需要用压感笔点击；有些数位板增加了快捷键设置，在绘图区的一侧，使用也很方便。

2. 压感笔

使用数位板绘图时，压感笔就是鼠标的替代品，它的具体使用方法与鼠标是一致的，只是外形和压感方面有所区别。压感笔的握笔位置附近有一个长方形按钮。一般情况下，按住按钮的下端可执行鼠标右键单击的操作，按住按钮的上端可执行鼠标左键双击的操作，如图 4-3 所示。同时，压感笔的尾部还增加了橡皮擦的功能，如图 4-4 所示。

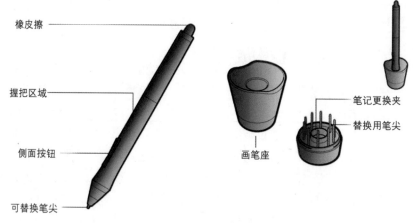

图 4-3　压感笔组件

图 4-4 画笔与橡皮擦使用方法

4.1.2 数位板相关设置

在使用数位板之前，将无线数位板与电脑配对后，两个装置将会记忆连接，就像在两者之间建立了虚拟的连接线。数位板将会记忆本身与哪一部电脑连接，且拒绝与其他电脑的连接尝试。将驱动安装完成后，使用者可以根据自己的绘图习惯对数位板的快捷键、感应度、数位板对屏幕的映射关系等做自定义设置。

1. 配置数位板方向

由于左右手使用习惯不同，数位板可以根据不同使用者来设置数位板的使用方向。

方法 1：使用 Intuos 安装光盘安装数位板期间，系统会提示选择预设数位板方向。在登陆及使用者切换画面，数位板方向会使用安装驱动程序选择的预设设定。若要变更预设方向，还需使用 Intuos 安装光盘重新安装驱动程序。

方法 2：开启 Wacom 数位板控制台，选择"映射"——"左侧快速键"选项卡命令。数位板驱动程序会自动配置数位板的一切（包括 Wacom 数位板控制台选项），以便正确使用右手功能。同理，选择"右侧快捷键"数位板快捷键将设至于右侧，以便正确使用左手功能，如图 4-5 所示。

图 4-5 左右手数位板使用方法

2. 快捷键设置

在工作时使用快捷键修改画笔或其他输入工具内容，可以有效提高作图速度。在产品设计计算机快速表现中，数位板经常配合 Photoshop、SAI 等软件使用，而这些软件在绘图过程中经常配合键盘中的"Alt"、"Ctrl"、"Shift"键进行修改工具操作（或切换成替代工具）。因此，数位板快捷键设置可以配合这方面内容进行设置。

快捷键设置方法：打开"快捷键"选项卡，快捷键目前功能会显示在下拉式功能列表中，使用者可以根据自己的操作习惯加以设置，如图4-6所示。

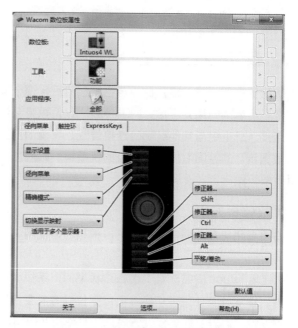

图4-6　数位板快捷键设置选项卡

数位板的触控环也可以根据使用习惯来进行设置。打开数位板"触控环"选项卡，便会显示目前触控环功能。使用者可以根据使用习惯自定义触控环来执行缩放、卷动等动作，如图4-7所示。

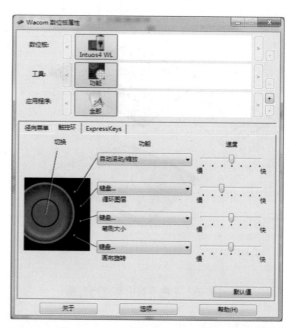

图4-7　数位板触控环设置选项卡

3. 数位板对电脑屏幕的映射关系

可以在"映射"面板中设置数位板表面上的工具移动与显示器屏幕

上的画笔移动之间的关系。可以使用"映射"——"屏幕范围"选项设置数位板将要对应的显示屏幕部分，如图 4-8 所示。

图 4-8　数位板映射关系设置

4. 画笔自定义

Intuos4 系列的笔尖和橡皮擦的压感是 2048 级。画笔和橡皮擦感应、画笔压力等可以在"笔"选项卡中进行设置，以调整其相关敏感范围等，如图 4-9 所示。一般默认力度适中，"轻柔"级别效果是用很轻的力量画，画出线条的压感变化就很明显，反之当选择"用力"级别效果时，为达到同样的压感效果则需要大一些的力量。这个可以根据每个人的手劲大小和习惯来设置。同时，笔上面的两个按键功能也可以自定义。每个按键功能选项里面都有很多内容可以选择，一般推荐是上面按键设成左键双击，下面按键设成右键单击，这样可以很好的实现鼠标的功能，如图 4-10 所示。

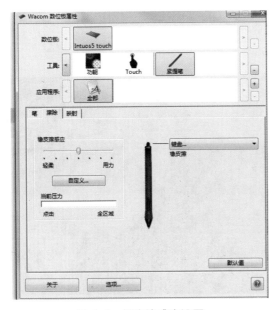

图 4-9　橡皮擦感应设置

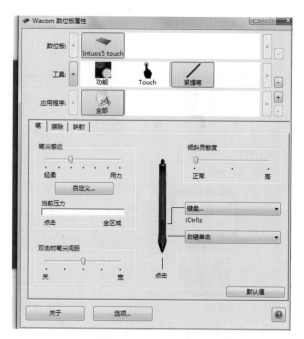

图 4-10　画笔自带快捷键设置

4.2　认识数位绘画

数位绘画是以传统绘画的理论和技法作为基础，使用数位板在计算机软件与硬件构建的平台上进行的数字化美术表现形式。与纯手绘表现相比，数字绘画已经体现出极大的优势和高效特点，可以让设计师更加自由地在计算机上施展自身的设计表现技能，如图 4-11 所示。使用各种绘图软件结合数位板，可以在数字绘画、插画、环境设计、产品设计、多媒体视觉、动画等诸多设计绘画领域，创作出不同效果的画面，如图 4-12 ～图 4-15 所示。数位绘画成果已在行业内得到充分展现，也实实在在地缓解了设计师们的体力和脑力劳动强度。同时为了顺应行业发展，数位绘画已经开始走进产品设计专业的课堂。同时也成为现代产品设计教学中新的研究课题。这种结合电脑渲染和传统手绘两者优点的绘图方法有助于设计师传达产品技术与情感设计方面的理念。

图 4-11　数字绘画

图 4-12　室内效果绘制

图 4-13　插画场景绘制

图 4-14　影视场景绘制

图 4-15 产品绘制

4.3 课堂总结

本章通过介绍数位板构成和相关设置等问题，将在使用数位板时需要注意的问题作了详细介绍。数位板在产品设计计算机快速表达中其作用是输入工具，绘画者通过它可以实现无纸作画。在绘制过程中，数位板和压感笔相当于画纸和鼠标来使用，数位板的相关设置在绘制前调制适度后，就可以将绘制重点放在软件操作上。本书的案例全部是由数位板配合 Photoshop 和 SAI 软件来制作的。在后面案例中如没有特殊设置，就不再讲述数位板的相关设置。

4.4 课后习题

1. 数位板主要由两部分构成_____和_____。
2. 数位绘画是以_____的理论和技法作为基础，使用数位板在计算机软件与硬件构建的平台上进行的数字化美术表现形式。

第 *5* 章　产品设计计算机快速表达要素及流程

熟练使用平面软件绘制产品的能力已经成为衡量产品设计师水准的标准。熟悉手绘的设计师常常将手绘效果转化为电子文件，再借助计算机进行后期处理；而新生代设计师则抛弃以前的方法，全部借助软件完成绘制。不管哪类设计师，他们都开发和总结出符合自己需求的工作方法，并且这些方法都符合产品设计计算机快速表达的相关设计要素与流程要求。

5.1　产品设计计算机快速表达要素

近几年，在产品设计过程中，使用二维软件表现产品的手法逐渐完善，很多职业设计师的作品近乎完美。从光影效果到材质表现再到细节特征，其效果比三维软件作品有过之而无不及。但是，这样专业的表现效果不仅仅是工具的运用，更多的是绘制者对于光影的表现和形体的理解，以及材质表达的有效技巧。在产品设计计算机快速表达中，只有正确掌握方法才能达到事半功倍的效果。为了达到完美的绘制效果，在绘制产品效果图时，应重点抓住以下几个要素来进行表现。

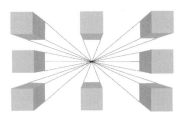

图 5-1　一点透视示意图

5.1.1　透视

在产品设计表现中，各类产品的透视线稿是表现效果的骨架，直接决定了物体最终形态的准确性。透视是形体的一切。如果透视不准，线条、上色、明暗都是经不起推敲的。物体的透视方法分为一点透视（平行透视）、两点透视（成角透视）和多点透视 3 种，如图 5-1～图 5-3 所示。产品效果图中最常见的是一点透视和两点透视。在选择透视种类时，应根据产品结构和形态特征表达的需要来决定。当所表现的产品形态需要展示正面来说明问题时，可以使用一点透视（平行透视），如图 5-4 所示；当需要同时展示产品的两个及两个以上面才能说明问题时，可采用两点透视（成角透视），如图 5-5 所示。透视图传达的视觉信息会受到观察者的视角、物体数量、大小以及透视法则的运用等诸多因素的影响，绘制者应根据表达的需要来选取最佳的透视角度，绘制效果应符合产品在使用功能方面正常的视觉习惯。

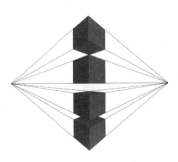

图 5-2　两点透视示意图

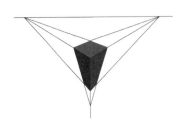

图 5-3　三点透视示意图

图 5-4　一点透视产品效果

图 5-5　两点透视产品效果

在产品绘制过程中，除了要注意物体形体的透视变化之外，还应该注意物体因距离远近而产生的色彩透视变化，如图 5-6 所示。巧妙运用颜色的变化来体现物体的长度或者场景的纵深感在设计表达中非常重要。通常情况下，距离观察者较近的物体色彩对比度和饱和度都较高。随着距离不断增大，对比度和饱和度都随之逐渐降低。在实际生活中，同一场景或同一物体，艳丽的颜色和暖色部分通常比黯淡的颜色和冷色部分让人感觉离自己更近；具有较强明暗对比关系的物体（位置）要比对比度低的物体（位置）感觉更近，如图 5-7 所示。

图 5-6　色彩透视变化

图 5-7　明暗对比效果

5.1.2　明暗

产品明暗关系是形成体积感的关键因素。产品具有长、宽、高 3 个维度，在光的照射下产生了物体的明暗变化，从而形成了体积感。在客观、真实的光影空间中，产品所呈现出的明暗变化是十分微妙和丰富的。但我们在绘制产品效果图时，无须刻意地追求那些过于微妙的明暗关系。只要能够根据物体光照的明暗规律，概括地表现出产品的光照情况，绘制出产品的体积感和必要的光影变化即可，如图 5-8 所示。

图 5-8　产品明暗效果

5.1.3　色彩

色彩是影响产品整体效果的重要因素，也是产品造型设计中的主要组成部分之一。因此，自然并且真实地再现产品的色彩，是产品设计计算机表达的必要条件之一。在产品效果表现中，色彩并不是孤立存在的，而是处于一个绘制者遐想的环境中。客观地讲，效果图中的产品色彩是由 3 部分组成，即固有色、光源色和环境色，如图 5-9 所示。光源色和环境色的强弱与该产品的表面质感密切相关，产品表面光洁度越高，对外界光线的反射能力就越强，物体表面所反映出来的光源色和环境色也就越明显，如图 5-10。相反，产品表面越粗糙、光泽度越低，则反射光源色和环境色的能力就越弱，所反映出来的光源色和环境色也就越少，如图 5-11 所示。

图 5-9　产品色彩组成

图 5-10　高光泽材质对光源色和环境色的影响

图 5-11　低光泽材质对光源色和环境色的影响

5.1.4　质感

质感是形成产品外观效果的重要因素，用不同的表现方法体现材料的质感是设计师应具备的能力之一。一件产品是由具体的材料所组成的，充分地表现该产品所用材料的质感特点，能真实地体现出设计方案的精髓。在产品设计计算机快速表达过程中，产品质感的表现不同于绘画中的写生，应概括性地来表现产品的材质特点，不必追求过多的细节，画面效果只要能够暗示出产品所用的材料、表面的加工工艺以及表面处理效果即可。

5.1.5　氛围

氛围是指在产品效果图中，设计师营造的某种产品使用环境和感觉。这种感觉能够对产品设计本身起到陪衬和烘托的作用。当然，这种感觉的营造需要通过运用一系列的视觉要素来体现。例如，增加恰当的人物或场景可以大大增强产品的生动性和真实感，如图 5-12、图 5-13 所示。总之，氛围可以非常有效地增加产品的感染力和亲和力，是产品设计计算机快速表达绘制过程中的点睛之处。

图 5-12　概念交通工具产品氛围

图 5-13　家用烤面包机产品氛围

5.2　产品设计计算机快速表达绘制流程

在确定产品构思后，设计师将通过轮廓绘制、颜色绘制、质感与细节绘制及环境绘制和效果调整等步骤完成效果图的制作，如图 5-14 所示。在绘制过程中，力求通过绘制产品的色彩、材料质感以及结构细节等元素，将产品的每个特征都准确无误表达。

图 5-14　产品设计计算机快速表达绘制流程

5.2.1　轮廓绘制

对产品造型的把握，轮廓线起到决定作用。产品在绘制之前，可以简单地规划为几个部分，研究这几部分互相依存的线条关系，并对其个体的形线和整体所分割的比例把握清楚，这样绘制出的轮廓能够快速体现产品特质。

绘制产品轮廓有 4 种方法。

方法 1：手绘草图。手绘草图要注意尺寸、比例之间的关系，然后将手绘草图借助外界转化工具（扫描、数码相机拍摄等方法）转化为数字图像，导入软件作为底图，运用软件中的绘图工具进行轮廓细节的修正与绘制。在转化数字图像过程中需要注意，利用扫描仪进行图像转化时，各种扫描仪的设定都有所不同，但是为了不让灯光之类多余的颜色混杂其中，最好设定扫描类型为"黑白"。扫描画像分辨率也会随着用途的不同而有所不同。作为产品绘制，分辨率最好在 150dpi 以上。

方法 2：在纸面上绘制产品的基本造型后，将绘图纸放在数位板绘图区，利用压感笔进行基本造型的描摹和细节的进一步绘制。这种方法可以缓解初次使用数位板的不适感觉，也可以节省纸面绘图时间。

方法 3：在电脑上直接绘制轮廓。在轮廓的绘制过程中，产品结构表现要严谨，这一点对接下来的工作有很大帮助。

方法 4：在绘制草图前，先在三维软件里建一个大概的模型，渲染出所需视角的视图。然后将其视图导入平面软件，在此基础上调整绘制轮廓线。这种方法可能会费时间，但是不会存在致命的错误。

对于绘制轮廓这一步，可以选择自己擅长的方法进行。在整个轮廓绘制过程中要尽量准确表达产品的特征和使用方式。同时还需要注意，尽量分图层绘制，如大轮廓线、细节轮廓线、结构线等多项图层，其目的是为了后期的修改和颜色绘制。

5.2.2　颜色绘制

运用平面软件画效果图犹如在电脑上画静物，应正确运用合理的光影变化来反映产品面与面、形与形之间的交替效果。掌握这一点就能掌握所有平面软件在产品设计计算机快速表达中的制作技巧。在使用平面软件 Photoshop 或 SAI 上色时，我们要学会去分析产品的形体特征，以及使用者的感受和人机工学的一些参数，以便在效果图中很好地展现出来。

绘制颜色时，将光源和色块大致确定后，可以分图层上色。上色过程就像素描铺大调子，然后再来刻画细节。这样的好处是整体感更强，光线方向清晰，否则绘制的时候很容易忽视光线的方向，造成画面效果混乱和不整洁。

对于铺大色调的方法有两种：一是直接调出需要的颜色进行绘制；二是先绘制黑白的效果，然后再新建一个图层，通过调整图层样式和"图层"——"调整"菜单命令来修改颜色。第二种方法在后期可以很方便的改变颜色，适合色彩效果方案比较，如图 5-15 所示。

图 5-15　产品的色彩方案

在绘制色彩填充过程中要注意，产品同一个面上颜色有深浅变化，如图 5-16、图 5-17 所示。对于这种光影变化，需要我们多观察和留意。开始可以对照真实产品多绘制几张，在绘制中慢慢找感觉和关系，在创作产品时自然生成上色的思路和应对方法。

图 5-16 光影变化单调的产品效果　　　图 5-17 光影变化丰富的产品效果

5.2.3　质感与细节绘制

　　产品质感绘制是产品设计计算机快速表达过程中的重要步骤。在产品设计计算机快速表达过程中，制作产品质感的方法有很多。常用的方法有：找一些材质素材，利用改变图层样式的方法，把材质赋予产品之上；也可以通过软件的各种特效处理功能，结合材质特征来制作。这些在后面的章节中都有详细的说明。对材质的把握要求平时多留意，多观察，有的材质有条形的高光和淡淡的折射或反射特征；有的材质自身没有什么特点，必须放在环境中，与环境相互映衬，其特点才能展现，如电镀，玻璃等。总之，最后的效果要给人一种强烈的质感暗示。

　　细节绘制前可以拍摄一些物体的照片以研究它们的各项细节特征，如结构特征。综合使用这些资源练习绘制，如图 5-18 所示。也可以通过网络和市场的渠道获取大量图片资料，来了解总结各种细节特点。这样边参考资料边进行绘画，所画出的作品真实感更强。因此尽量多看些资料再开始动手作画。

图 5-18 不同产品效果

5.2.4　环境绘制和效果调整

　　产品设计计算机快速表达不单纯局限在产品本身，还包括描绘环境与产品的关系，即环境绘制。在产品设计计算机快速表达中的环境绘制等同于产品手绘中的背景绘制。由于是借助计算机，所以其效果比手绘背景效果丰富很多，这也是使用计算机绘制的优势之一。

　　产品设计计算机快速表达的环境绘制是表达设计主题的一个重要方面，产品自身的尺度、比例等内容结合背景中的比较元素，可以帮助读者了解产品的体量和产品个性，对受众的心理体验产生不同影响。设计师可以通过对产品背景绘制的把握，传达不同情感体验，或含蓄或者夸张。画面的整体效果可以直接作用于受众内心，让安全感、亲切感、自豪感等种种情感通过环境得以彰显，如图 5-19 所示。

在环境绘制之前，要先考虑绘制产品的个性，再考虑用何种方式进行环境绘制。每件产品的存在都应考虑与周围环境的呼应，它的功能与审美也因空间的自然状态或人为的雕琢而变得更加灿烂。

图 5-19　大体量产品的环境处理效果

环境效果绘制由环境图片与设计图之间通过形状、色彩等要素的关联来构成。很多方法可以为设计图添加环境效果。我们可以从环境的色彩、形状这两个方面来总结。在环境色彩上可以采用与产品主色调呼应的临近色系，或者采用对比色系，如图 5-20 所示。如果产品主色调艳丽，那么要使用冷色和暗淡的颜色做背景色，效果会更加明显，如图 5-21 所示。反之，如果产品颜色较暗，则可以使用相对比较艳丽的背景色彩来衬托，以丰富画面效果，如图 5-22 所示。当使用真实环境做背景时，可以将环境抽象成一种简单画面素材来使用，同时适当降低背景图片色彩的对比度或者精简图片的细节，如图 5-23 所示。合理使用以上这些背景处理方法不但能够给效果图带来丰富的层次感和空间感，而且还可以使产品从整个画面中凸显出来。

产品环境绘制完成后，需要调整画面整体效果。多数情况下产品需要结合环境进行适当调整。如产品绘制中环境色的添加等。这一点，可以使产品与背景发生联系，使两者有机的融合在一起。在进行画面效果最后调整时，不能东画一块，西画一块，要注意产品结构之间的关系，这对我们正确绘制产品有很大的帮助。

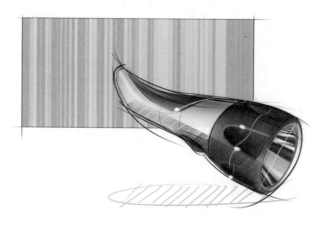

图 5-20　临近色背景效果

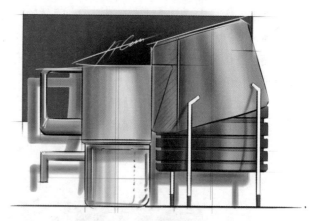

图 5-21　色彩艳丽产品背景效果

图 5-22　色彩单一产品背景效果

图 5-23　真实背景处理效果

5.3　课堂总结

　　本章主要讲述产品设计计算机快速表达要素和流程。产品设计计算机快速表达的 5 项要素，在绘制中缺一不可。整个绘制过程中，虽然每一步中这 5 个要素的侧重点不同，但每一步操作都要将这 5 项要素进行综合考虑，这样便于后期的整合。

5.4　课后习题

　　1. 产品设计计算机快速表达要素有_____、_____、_____、_____、_____5 项。

　　2. 产品设计计算机快速表达的 4 大绘制流程_____、_____、_____、_____。

　　3. 产品效果图中产品的色彩是由 3 部分组成的，即_____、_____和环境色。光源色和环境色的强弱与产品的_____相关。

第 *6* 章　光影处理方法

对于在二维的图纸上表现三维的产品，光线的运用是比较重要的。产品造型的圆角、曲面、斜面等都需要通过光影才能表现出来，可以通过具有较强塑造力的光线来表现产品的特点。在作图时，为了能让产品特点表现出来，我们会考虑物体的哪部分亮哪部分暗。因为巧妙的打光可以使平淡或奇异的造型变得生动有趣。在产品设计计算机快速表达中，光线表现的重点在于光源的位置，绘制者要在脑海里构建一个三维的空间，并假想一个主光源。有了主光源后，很容易分清光线的主次关系和物体的明暗关系。

主光源是塑造形体最重要的光源，其他的辅助光源的光照强度不要超过主光源的强度，并且与光影相关的工作都要在这个主光源环境下进行。物体高光、阴影、反光的位置都要随着主光源的变化而变化，这样塑造出的造型效果会更统一。虽然这些是很简单的素描原理，但有时用计算机绘图时就容易忽视这些基本原则，而被漂亮的效果蒙蔽了眼睛。所以，作为产品设计师在使用计算机进行绘制表达时，应该遵守基本的素描原则，这对造型的正确表达具有指导意义。为了能够更好地将产品的各项特征绘制出来，本章从光源和形体两个方面来共同分析产品设计中光影处理技巧。

6.1　常用光源

根据绘制目的和绘制对象的不同，需要有针对性的安排光的种类、方向和数量等光线要素。根据产品表达的需要可以将光源分为左右光源、顶光源、背光源和夸张光源 4 种。由于产品形体、色彩、材质各不相同，所以在表达时应根据产品特征选择合适光源，或者几种光源在区分主次光源的前提下，相互结合使用来营造丰富的光线效果和环境氛围。

1. 左、右光源

左、右光源为从左或右上方30°或45°角的位置，向主体正面打光，如图 6-1 所示。应根据设计师自己的习惯来设置左右光源，但两者的绘制方法是一样的。使用此种光源不仅介绍了各种面的关系，各部分的形

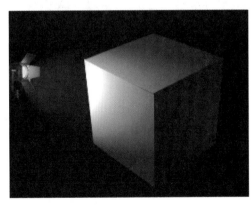

图 6-1　左光源

态也区分得比较清楚，同时还能勾勒出轮廓亮线。这种光源给人以理性、庄重的感觉。后面章节的案例基本都是使用左、右光源来表现产品的造型和材质，这样更符合平时的视觉习惯，也能清楚地表达设计细节，如图 6-2 所示。

图 6-2　产品的左光源灯光效果

2. 顶光源

简洁的顶光源可以满足表现产品顶面大部分细节的要求。当顶光源为主光时，会产生边缘亮光和柔和阴影的光照效果。其效果虽较为平淡，但产品的顶部主要细节都能表达出来，如图 6-3 所示。

3. 背光源

背光源或称"反光"、"轮廓光"，主光源体一般架设在主体后侧，用以勾勒出主体的轮廓，使主体和背景间产生空间感和立体感。此种光源主要体现产品外部形态，多用于宣传的场景，如图 6-4、图 6-5 所示。

图 6-3　顶光源

图 6-4　背光源产品效果

图 6-5　背光源产品效果

4. 夸张光源

夸张光源主要用于作者想要表达的内容和位置，是突出设计主题思想并吸引读者眼球的一种光源，如图 6-6 所示。夸张光源用来塑造的形体效果很炫，但有一个明显的缺点，就是不能将大部分产品细节表达出来，很多细节被淹没在大面积的阴影中。所以，夸张光源效果多用于产品定型后宣传使用。但如果作为以表达设计意图为主的效果图，还是使用前面三种普通光源比较好。

图 6-6　夸张光源产品光照效果

6.2　不同形体光影表现效果

与所有的渲染一样，产品设计计算机快速表达过程中有三种情况要考虑：光源（位置和方向）、几何形状和物体材质特征。如果知道光线照射方向，设计师可以根据几何形状推断物体高光及产生的阴影和明暗位置。

6.2.1　简单几何形体光影表现效果——球体绘制案例

简单几何形体的光影变化规律比较好分析，通过对球体、圆柱和正方体等简单形体进行仔细观察，就会发现它们的明暗交界线单一，且明暗交界线自身的深浅变化也较单一。球体、圆柱体等回转体的转折消失面往往比较虚，所以在绘制其选区轮廓时，首先要对选区进行一定程度的羽化或者使用"滤镜"中的"高斯模糊"。这样绘制出来的圆柱或球体的立体感才会更强，也更为真实和自然。

下面以如图 6-7 所示的圆球体为例，讲述简单几何形体光影表现效果的绘制方法，具体绘制步骤如下。

（1）按 Ctrl+N 键新建文件，并新建"球体"图层，使用工具箱中的（椭圆选框工具），配合 Shift 键绘制圆球体。单击鼠标右键，选择"填充"，为其填充黑色（固有色）。选择"图层样式"的"外发光"选项，设置发光颜色为黑色，"外发光"参数设置及绘制效果如图 6-8、图 6-9 所示。

图 6-7　圆球体光影效果

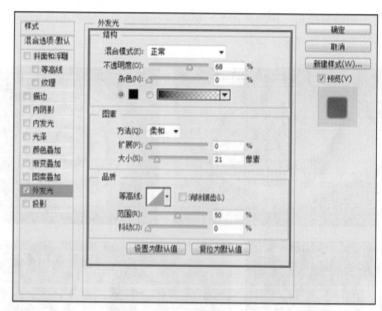

图 6-8　外发光相关设置

（2）绘制球体亮部区域。新建"亮部"图层，前景色设为白色，使用工具箱中的 ◎ （椭圆选框工具），按住 Shift 键的同时在黑色圆形左上方绘制圆形，使用步骤（1）中的方法为其填充白色，绘制效果如图 6-10 所示。

图 6-9　球体绘制效果　　　　图 6-10　亮部内容绘制

（3）处理亮部效果。对"亮部"图层内容执行"滤镜"——"模糊"——"高斯模糊" 菜单命令，"高斯模糊"对话框中的参数设置及绘制效果如图 6-11、图 6-12 所示。

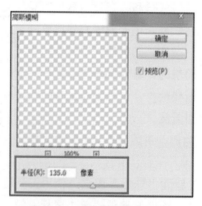

图 6-11　高斯模糊相关设置　　　图 6-12　球体基本明暗关系

（4）将"亮部"图层复制并改名为"高光"图层。使用"自由变换"（Ctrl+T）调整内容大小及位置，效果如图 6-13 所示。

（5）形体离不开投影，投影可以使形体更真实。新建图层并命名"投影"，使用工具箱中的 ⬭ （椭圆选框工具）绘制椭圆并将其椭圆选区设置一定的羽化数值，其目的是为了让投影边缘呈现渐变虚化效果。在选区内使用工具箱中的 ▣ （渐变填充工具）的"线性渐变"填充投影效果。操作效果如图 6-14 所示。

（6）为了使投影效果更真实，对投影内容执行"滤镜"——"模糊"——"高斯模糊"菜单命令，效果如图 6-15 所示。

图 6-13　高光绘制效果

图 6-14　球体投影填充效果

图 6-15　投影处理效果

（7）将"投影"图层调制最底层，并使用"自由变换"（Ctrl+T）命令调整位置和方向。最终效果如图 6-16、图 6-17 所示。绘制物体的阴影时要注意阴影的虚实变化规律。一般而言，阴影离物体越近就越实，离物体越远就越虚。

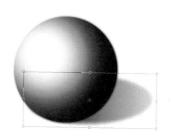

图 6-16　自由变化调整效果

图 6-17　球体绘制最终效果

6.2.2　复杂形体光影表现效果——点火器绘制案例

复杂形体由于自身结构和外形的多样性，其光影表现效果既丰富又多变。所以绘制复杂形体的光影变化时要仔细观察产品结构特征，整体绘制光影效果。

本节案例选用形状、色彩、材质变化丰富的点烟器为例进行绘制，如图 6-18 所示。绘制中的光源决定高光、明暗、阴影位置和特定材料外表的所有特征。我们观察到点火器光源恰好位于产品前上方，所以在正面表面创建高光而在下面创建阴影。该复杂形体的高光表面有外形明确的高光形状（如金属喷头），也有过渡柔和的高光效果（如磨砂硬质塑料把手）。所以，注意绘制时要分图层处理。具体绘制步骤如下。

图 6-18　点火器形体特征

（1）分析点火器的形状，分为喷头部分、把手的前半部分（黑色）、把手的后半部分（绿色）。新建图层组"头"，先用工具箱中的 （钢笔工具），勾选"形状"画出喷头的形状，生成"喷头"形状图层，如图 6-19 所示。

图 6-19　喷头部分形状

（2）为喷头部分添加"图层样式"，选择"渐变叠加"选项，角度设置为 90°，根据光线方向由上到下拉出渐变。由于喷头具有一定的金属光泽，明暗的对比度要高一些，通过调整渐变条中"颜色中点"的位置使渐变颜色更加准确，如图 6-20 所示。

图 6-20　喷头部分渐变填充设置

（3）喷头细节绘制。使用与步骤（1）相同方法，在头上依次绘制三个长条状的小孔，生成"小孔 1"、"小孔 2"、"小孔 3"三个形状图层，并且分别添加"图层样式"的"斜面和浮雕"效果，为孔的中间和下面的边缘添加一些高光，绘制效果如图 6-21 所示。

图 6-21　喷头部分完成效果

（4）新建图层组"黑色部分"。使用与前面步骤相同的方法绘制出把手的黑色部分，并生成"黑色形状"形状图层。为该图层添加"图层样式"，选择"渐变叠加"选项，由上到下填充一个不太明显的渐变效果，上面稍微亮一些，如图 6-22、图 6-23 所示。

图 6-22　把手前半部分形状

图 6-23　把手前半部分基础光影效果

（5）绘制暗部效果。将形状载入选区，新建一个"下面暗部"图层，使用工具箱中的 ✐（画笔工具），颜色设置为黑色，画笔的不透明度和流量都调整到 20% 左右，降低画笔的硬度，配合数位板在下部进行涂抹，将暗部颜色适当加深，如图 6-24 所示。

图 6-24　把手前半部分暗部绘制位置

（6）绘制亮部效果。新建"中间高光"图层，使用步骤（5）中相同方法，用白色画笔绘制中间的高光部分，塑料材质的外壳具有较低明度的高光，调整"中间高光"图层的不透明度，绘制效果如图 6-25 所示。

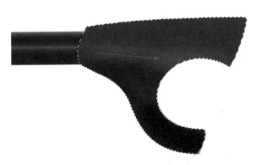

图 6-25　把手前半部分亮部绘制位置及效果

（7）当物体受到环境光的影响，四周会微弱地反射周围物体或者地板、天花板的颜色，所以物体的上部也会有微弱地反光，继续绘制反光效果。新建"上面高光"图层，用接近白色的画笔沿着上部边缘进行涂抹，不透明度相比中间的高光调制更低，绘制效果如图 6-26 所示。

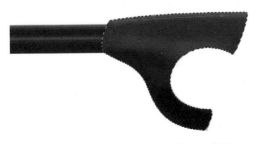

图 6-26　把手前半部分反光位置及效果

（8）新建图层组"绿色部分"。使用工具箱中的 ✐ （钢笔工具）绘制出绿色的部分，生成"绿色形状"形状图层，添加"图层样式"的"渐变叠加"效果，过渡不要太明显。将"绿色部分"图层组放至"黑色部分"图层组下面，绘制超出去的部分就不会显现出来，绘制效果如图 6-27 所示。

图 6-27　把手后半部分基础光影效果

（9）绘制绿色把手部分暗部效果。配合键盘 Ctrl 键，单击"绿色形状"形状图层前面小图标，将该图层内容载入选区，新建"下面暗部"图层，使用深绿色的画笔涂抹下半部分，注意涂抹时要有一些渐变效果，根据结构光影变化效果越往下越暗，绘制效果如图 6-28 所示。

图 6-28　把手后半部分暗部绘制位置及效果

（10）绘制绿色部分亮部效果。新建"中间亮部"图层，用白色画笔在中间进行涂抹，为方便反复涂抹，将画笔的不透明度降低到 10% 左右，涂抹完成后如果觉得高光的颜色太亮，再降低图层的不透明度，图层混合模式改为"滤色"，绘制效果如图 6-29 所示。

图 6-29　把手后半部分亮部位置及效果

（11）由于把手是一个圆柱体并且尾部是半球形。受光源影响，尾部应添加球体的明暗关系。新建"尾部效果"图层，在尾部使用深一些的绿色涂抹。由于受环境光影响，在尾部的边缘再添加一些不明显的高光，如图 6-30 所示。使用相同方法绘制下部边缘和上部边缘反光，绘制效果如图 6-31 所示。

图 6-30　把手后尾部光影绘制位置

图 6-31　把手后尾部光影绘制效果

（12）由于形体特征，中间的凹槽部分渐变方向恰好与主体效果相反，下部较亮，上部较暗。分别在图层组"黑色部分"、"绿色部分"中新建"按键凹槽黑色部分"、"按键凹槽绿色部分"两个图层，绘制对应的两个选区，并进行渐变填充。然后对两个图层内容执行"滤镜"——"模糊"——"高斯模糊"菜单命令，选择合适的模糊半径，使凹槽看起来更自然，点火器整体光影效果就完成了，效果如图 6-32、图 6-33 所示。

图 6-32　按键凹槽黑色部分光影绘制效果

图 6-33　按键凹槽绿色部分光影绘制效果

（13）添加材质特征可以使产品光影效果更加真实。在不同图层组中配合 Ctrl 键，分别选中把手黑色和绿色部分载入选区，并且分别新建"杂色"图层，填充为白色，执行"滤镜"——"杂色"——"添加杂色"菜单命令。将这两个图层的混合模式改为"叠加"，这样把手看起来更真实，效果更自然，如图 6-34、图 6-35 所示。

图 6-34　把手杂色添加

图 6-35　把手材质绘制效果

（14）新建"开关"图层组，使用相同的方法绘制把手上的开关细节，添加阴影和渐变效果，使其具有凹凸感。由于这个小结构位于把手的中上部，受主光源的影响，渐变应该下部稍亮，上部稍暗，如图 6-36 所示。

（15）新建"中间按钮"图层组，并将该图层顺序调至最底层。绘制中间按钮形态，并为其添加"图层样式"，选择"斜面和浮雕"选项，绘制效果如图 6-37 所示。

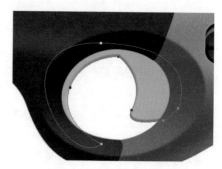

图 6-36　开关绘制效果　　　　图 6-37　把手按键造型绘制

（16）绘制按键阴影。使用 ✐（画笔工具）沿着边缘进行涂抹，降低不透明度，不断涂抹，调整至效果满意为止，如图 6-38、图 6-39 所示。

图 6-38　按键阴影绘制位置　　　　图 6-39　按键绘制最终效果

（17）添加投影。阴影绘制在画面立体感塑造方面非常重要，但是过多加入阴影，画面真实感就会受到影响，因此该省略的部分就要大胆省略。阴影部分全部使用黑色绘制，颜色会显得呆板，没有层次感。新建"阴影"图层，使用工具箱中的 ⬭（椭圆选框工具）绘制椭圆选区，填充颜色数值为 #505050，并且对添加内容执行"滤镜"——"模糊"——"高斯模糊"菜单命令，选择合适的模糊数值并降低图层不透明度，绘制效果如图 6-40 所示。点火器最终绘制效果如图 6-41 所示。

图 6-40　点火器投影高斯模糊效果

图 6-41　点火器最终绘制效果

6.3　课堂总结

　　本章主要讲述产品设计计算机快速表达绘制过程中的光影处理方法，即根据光线和物体形态特征来分析物体光照规律。当主光源方向固定后，简单物体的光影效果主要由物体的整体转折趋势和材质决定；复杂物体的光影效果，则主要由物体的整体转折趋势、材质和外在结构来决定。因此，在绘制复杂物体前，应多思考外在结构与主光源关系，这样复杂物体的光源效果才能既丰富又准确。

6.4　课后习题

　　1. 在产品设计计算机快速表达中根据产品表达需要将光源分为_____、_____、_____和_____4 种。

　　2. 在产品设计计算机快速表达中与所有的渲染一样，有三种情况要考虑：_____、几何形状和_____。

　　3. 绘制如图 6-42 所示的圆柱体光影关系。

图 6-42　圆柱体光影效果

第 7 章　产品表面材质效果表达

产品表面材质效果的表达是影响产品最终表现效果的关键因素。一个产品仅仅有造型是不够的，必须有合适的材质来配合，才能算得上完整的产品，特别是在一些很简洁的造型设计中，需要通过一些新奇的材质来丰富产品效果。产品的表面材质除了可以反映产品的功能及工艺信息外，还往往会影响和决定着一个产品的造型风格、色彩及气质。由于物体材质不同，所以吸收光和反射光的能力也不同，从而呈现出的表面效果有软硬、虚实、滑涩、韧脆、透浊等多种感觉。有些产品由于结构复杂，通常一个产品中的材质丰富且多样，由两种及两种以上材质组合成复合材质产品，如图 7-1 ～图 7-3 所示。只有对简单而基本材质的物体表面效果加以探究，才便于更好地塑造复杂材质物体。

图 7-1　不同材质产品外观效果（1）

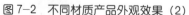

图 7-2　不同材质产品外观效果（2）　　图 7-3　不同材质产品外观效果（3）

7.1 塑料材质效果表达

在塑料、橡胶和合成纤维三大合成材料中，塑料材料因为性能优异、加工容易，成为产量最大、应用最广的高分子材料。用于产品外观的常见塑料类型有聚丙烯（PP）、聚苯乙烯（PS）、ABS、聚甲基丙烯酸甲酯（PMMA）等。例如，聚丙烯（PP）的产品主要应用于口杯、饭盒等。聚苯乙烯（PS）的产品主要应用在塑料壳，如透明文具尺子、化妆瓶等。ABS 适合注塑和挤压加工，故其用途也主要是生产这两类制品，如手机壳、电脑机箱、玩具等。由于使用的原材料不同，所以各种塑料产品所呈现出的外观效果也大不相同，有表面光滑且光泽度较高、表面磨砂且反光较弱等多种效果，如图 7-4～图 7-6 所示。本章我们根据塑料材质表面处理效果分为高光泽塑料和低光泽塑料两大类讲解塑料材质的表现方法。

图 7-4 不同塑料材质产品外观效果（1）

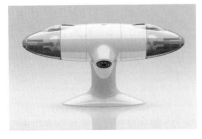

图 7-5 不同塑料材质产品外观效果（2）

图 7-6 不同塑料材质产品外观效果（3）

7.1.1 高光泽塑料效果表达

高光泽塑料是塑料产品中比较常见的材质，特别是在小家电产品和玩具的设计制造中经常会用到。高光泽塑料材质表面具有较高的硬度和光洁度，因此光影变化十分明显，高光和反光出现的位置相对比较集中，并且轮廓清晰可见。高光泽塑料物体的高部根据其自身光泽度和周围光线效果，呈现的颜色和形状也各有不同。一般高光泽塑料的高光颜色与物体本身的颜色有一定的关系。例如，蓝色高光泽塑料吸尘器的亮部颜色是蓝色，黄色高光泽塑料甜点机的亮部颜色是黄色，如图 7-7、图 7-8 所示。

图 7-7 高光泽塑料吸尘器高光效果

图 7-8 高光泽塑料甜点机高光效果

需要注意的是高光泽塑料在光照强度较高时，物体高光颜色应该是中性颜色（黑、白、灰），还会在曲面转折处出现细长的高光反射带，如图7-9所示。在一定环境中，物体的反光也会受到周围环境的影响。例如，三种不同颜色的手机在相互叠放时，粉红色手机壳上会反射出绿色，白色手机壳上会反射出绿色和粉红色等环境色，如图7-10所示。高光泽塑料材质表现的关键在于光影的绘制。高光泽塑料材质因表面光滑且坚硬，在绘制时既要保证光影轮廓的清晰，同时又要避免过于生硬和表面化。使用图层蒙版结合渐变工具或画笔工具绘制高光泽塑料的光影效果是最常见的方法，也是较容易产生效果的方法。

图7-9　高光泽塑料产品高光形状　　图7-10　高光泽塑料对环境反光的表现

7.1.2　高光泽塑料椭圆体绘制案例

下面将通过高光泽塑料椭圆体的绘制来学习高光泽塑料材质的表现方法，效果如图7-11所示。具体绘制步骤如下。

（1）打开Photoshop软件，新建文件。设置文件"宽度"为25厘米，"高度"为25厘米，"分辨率"为300像素/英寸，并将其命名为"高光泽塑料"，如图7-12所示。

图7-11　高光泽塑料椭圆体

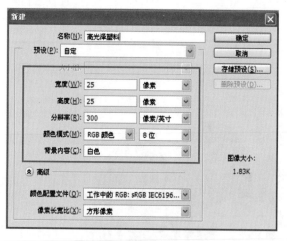

图7-12　新建文件对话框

（2）绘制高光泽塑料材质的椭圆球体。新建图层并命名为"主体轮廓"。在工具箱中选择▢（椭圆选框工具），绘制椭圆形，使用工具箱中的▢（渐变工具）对椭圆进行线性渐变填充▢▢▢▢▢，绘制效果如图 7-13、图 7-14 所示。

图 7-13　高光泽塑料椭圆体主体轮廓　　图 7-14　高光泽塑料椭圆体色彩

（3）制作椭圆球体暗部效果。使用工具箱中的 ⊙（椭圆选框工具），绘制椭圆形，如图 7-15 所示。选择"主体轮廓"图层为当前图层，然后单击鼠标右键选择"选取反向"，执行"复制"命令，对反选区域进行复制，然后新建图层并命名"暗部轮廓"，并将其作为当前操作图层，对其执行"粘贴"命令，"暗部轮廓"图层内容如图 7-16 所示。

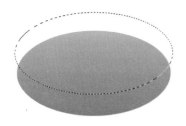

图 7-15　高光泽塑料椭圆体　　　图 7-16　"暗部轮廓"图层

（4）高光泽塑料暗部反光相对较强烈，因此在绘制暗部效果时，需要对其添加反光效果。配合键盘 Ctrl 键，单击"暗部轮廓"图层前面的小图标，如图 7-17 所示。此时暗部轮廓内容载入选区。新建"暗部光影"图层，对其选中的轮廓进行"径向渐变"填充 ▢▣▢▢▢，绘制效果如图 7-18 所示。

图 7-17　"暗部轮廓"图层的小图标　　图 7-18　椭圆体暗部
　　　　　　　　　　　　　　　　　　　　　　　填充效果

（5）绘制高光区域。本章中材质球的所有案例均采用左上光源光照效果。新建"高光效果 1"图层，使用 ⊙（椭圆选框工具），绘制高光区域并对其填充白色，执行"取消选区"命令。对"高光图层"执行"滤镜"——"模糊"——"高斯模糊"菜单命令，选择合适的"高斯模糊"半径，处理高光区域效果。执行"自由变换"命令，对高光效果的大小和位置进行调整，绘制效果如图 7-19 ～图 7-22 所示。

图 7-19　椭圆体高光
效果 1 区域位置

图 7-20　椭圆体高光
效果 1 区域颜色效果

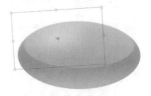

图 7-21　椭圆体高光
效果 1 位置调整

图 7-22　椭圆体高光
效果 1 最后效果

　　（6）为了使材质效果更加逼真，需要对高光效果进一步处理。新建图层并命名为"高光效果 2"。使用工具箱中的 （钢笔尖工具），绘制高光造型路径。将路径转化为选区，并对其"填充"白色，绘制效果如图 7-23、图 7-24 所示。

图 7-23　椭圆体高光
效果 2 位置

图 7-24　椭圆体高光
效果 2 初期填充效果

　　（7）配合 Ctrl 键，单击"高光效果 2"图层的小图标，将"高光效果 2"内容载入选区。单击图层面板下方的 （添加图层蒙版）按钮，为"高光效果 2"选区添加一个蒙版，如图 7-25 所示。使用工具箱中的 （渐变工具）对选区进行"线性渐变"填充，填充方向如图 7-26 所示。

图 7-25　椭圆体高光
效果 2 图层蒙版

图 7-26　椭圆体高光
效果 2 线性渐变填充方向

　　（8）蒙版效果添加结束后，执行"自由变换"命令，对"高光效果 2"的大小和位置进行调整，绘制效果如图 7-27 所示。

（9）对于产品效果来讲，投影是必不可少的。新建图层并命名为"投影效果"，使用工具箱中的 ▢ （椭圆选框工具），在产品下部位置绘制投影区域并对其填充黑色，取消选区。对"投影效果"图层执行"滤镜"——"模糊"——"高斯模糊"命令，设置模糊半径为 160 像素，并将"投影效果"图层调至最底层，高光泽塑料椭圆体最终效果绘制完成，如图 7-28 ～图 7-30 所示。

图 7-27　椭圆体高光
效果 2 最终绘制效果

图 7-28　椭圆体投影
位置

图 7-29　椭圆体投影
填充效果

图 7-30　椭圆体最终
绘制效果

7.1.3　低光泽塑料效果表达

低光泽塑料是产品中最常见的一种材质，具有耐脏、耐磨、不易褪色及防滑等特点，因而在一些家电、五金工具等产品中广泛应用。低光泽塑料材质的表面比高光泽塑料材质的表面反光要弱，没有明显的映射现象，物体大部分只显示自身的颜色肌理。因而在表现低光泽塑料材质的明暗及光影变化时尽量要柔和一些，最好不要出现过于集中的高光点。同时低光泽塑料材质的表面相对比较粗糙，会呈现各种微小肌理效果，如磨砂状的颗粒感。

7.1.4　低光泽塑料椭圆体绘制案例

下面将通过低光泽塑料椭圆体的绘制来学习低光泽塑料材质的表现方法，效果如图 7-31 所示。具体绘制步骤如下。

图 7-31　低光泽塑料椭圆体

（1）打开 Photoshop 软件，新建文件。设置文件"宽度"为 25 厘米，"高度"为 25 厘米，"分辨率"为 300 像素／英寸，并将其命名为"低光泽塑料"，如图 7-32 所示。

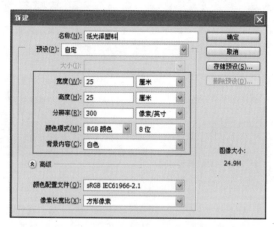

图 7-32　新建文件对话框

（2）绘制低光泽塑料材质的椭圆球体。新建图层并命名为"主体轮廓"。在工具箱中选择▢（椭圆选框工具），绘制椭圆形，使用工具箱中的▪（渐变工具）对椭圆进行线性渐变填充，绘制效果如图 7-33～图 7-35 所示。

图 7-33　椭圆体主体轮廓效果

图 7-34　椭圆体主体
线性渐变填充方向

图 7-35　椭圆体主体
填充效果

（3）主体表面肌理绘制效果。执行"滤镜"——"杂色"——"添加杂色"菜单命令，"添加杂色"参数设置及绘制效果如图 7-36、图 7-37 所示。

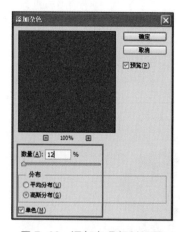

图 7-36　添加杂色相关设置

图 7-37　椭圆体肌理效果

（4）制作椭圆球体暗部效果。使用工具箱中的▢（椭圆选框工具），绘制椭圆形，如图 7-38 所示。选择主体轮廓图层为当前图层，然后单击鼠标右键选择"选取反向"，执行"复制"命令，对反选区域进行复制。然后新建图层并命名为"暗部轮廓"，将其作为当前操作图层，对其执行"粘贴"命令，绘制效果如图 7-39 所示。

（5）按住 Ctrl 键，单击"暗部轮廓"图层的小图标，此时"暗部轮廓"内容载入选区。新建"暗部光影"图层，对其选区的轮廓进行径向渐变填充 ，绘制效果如图 7-40 所示。

图 7-38 选框内容

图 7-39 椭圆体暗部轮廓内容

图 7-40 椭圆体暗部渐变效果填充

（6）对"暗部光影"图层内容执行"滤镜"——"杂色"——"添加杂色"菜单命令，"添加杂色"参数设置及绘制效果如图 7-41、图 7-42 所示。

图 7-41 添加杂色相关

图 7-42 椭圆体暗部材质处理效果

（7）因为低光泽塑料材质明暗交界线较模糊，所以对"暗部光影"图层执行"滤镜"——"模糊"——"高斯模糊"菜单命令，"高斯模糊"参数设置及绘制效果如图 7-43、图 7-44 所示。

图 7-43 椭圆体暗部
高斯模糊对话框

图 7-44 椭圆体暗部最终效果

（8）新建"高光效果"图层，使用 （椭圆选框工具），绘制高光区域并对其填充白色，取消选区，绘制效果如图 7-45 所示。对"高光效果"图层执行"滤镜"——"模糊"——"高斯模糊"菜单命令，设置模糊"半径"为 126 像素。使用"自由变换"命令，对高光效果的大小和位置进行调整，效果如图 7-46 所示。

（9）使用与步骤 7.1.2 步骤（9）中相同的绘制方法为球体增加阴影，低光泽塑料椭圆体最终绘制效果如图 7-47 所示。

图 7-45 椭圆高光效果位置

图 7-46 椭圆体高光
最终效果

图 7-47 椭圆体
最终绘制效果

7.2 金属材质效果表达

金属材质物体表面有光滑和粗糙两大类，对光的反射能力也各有不同。具有较高光泽度的镀铬、抛光金属表面犹如一面镜子，其表面效果出现"黑白分明"的视觉反差效果。低光泽金属材质效果主要包括磨砂和拉丝两种，多用于家电产品及 3C 类电子产品的设计和制造，如图 7-48～图 7-53 所示。

图 7-48 镀铬弧面金属外观效果

图 7-49 镀铬平面金属外观效果

图 7-50 高光泽金属工艺品外观效果

图 7-51 磨砂材质产品外观效果

图 7-52 拉丝材质产品外观效果

图 7-53 拉丝材质产品外观效果

7.2.1　高光泽金属效果表达

高光泽金属材质物体反光度很高，表面光洁明亮，触感硬朗，是受光线影响较大的材质之一。描绘高光泽金属材质特征时要抓住明暗交界线的变化，圆弧面过渡的层次要清晰简练，笔触要肯定、果断和规整。

7.2.2　高光泽金属椭圆体绘制案例

（1）新建文件。设置文件"宽度"为25厘米，"高度"为25厘米，"分辨率"为300像素/英寸，并将其命名为"高光泽金属"。新建图层并命名为"主体轮廓"。在工具箱中选择  （椭圆选框工具），绘制椭圆形，使用工具箱中 █（渐变工具）对椭圆进行线性渐变填充，绘制效果如图7-55、图7-56所示。

图 7-54　高光泽金属椭圆体

图 7-55　高光泽金属主体轮廓

图 7-56　高光泽金属填充效果

（2）使用7.1.2小节中步骤（4）中相同的绘制方法获得暗部选区，新建"暗部光影"图层。使用 █（渐变工具）对暗部选取填充径向渐变，并对其执行"滤镜"——"模糊"——"高斯模糊"菜单命令，"高斯模糊"参数设置及绘制效果如图7-57～图7-59所示。

图 7-57　暗部选区

图 7-58　高斯模糊相关设置

图 7-59　暗部绘制效果

（3）新建"高光效果1"，使用工具箱中的 （椭圆选框工具），绘制高光区域并对其填充白色，取消选区。对"高光效果1"图层执行"滤镜"——"模糊"——"高斯模糊"菜单命令，设置模糊半径为106像素。执行"自由变换"命令，对高光效果的大小和位置进行调整，绘制效果如图7-60、图7-61所示。

（4）为了使材质效果更加逼真，需要对高光效果进一步处理。新建图层并命名为"高光效果2"。使用工具箱中的 █钢笔尖工具，绘制高光造型路径。将路径转化为选区，并对其填充白色，绘制效果如图7-62所示。

图 7-60　高光效果1

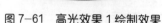

图 7-61　高光效果 1 绘制效果　　　　图 7-62　高光效果 2 填充效果

（5）配合 **Ctrl** 键，将"高光效果 **2**"内容载入选区，单击图层面板上的 □（添加图层蒙版）按钮，为"高光效果 **2**"选区添加一个蒙版，使用工具箱中的 □（渐变工具）对选区进行线性渐变填充，执行 "自由变换"命令，对"高光效果 **2**"的大小和位置进行调整，绘制效果如图 **7-63**、图 **7-64** 所示。

（6）使用 **7.1.2** 小节中步骤（**9**）相同的绘制方法为球体添加阴影效果，高光泽金属椭圆球体最终绘制效果如图 **7-65** 所示。

图 7-63　高光效果 2 图层蒙版

图 7-64　高光效果 2 绘制效果　　　图 7-65　高光泽金属最终绘制效果

7.2.3　低光泽金属效果表达

低光泽金属材质表面比高光泽金属材质表面色彩明暗及光影变化相对要柔和一些，在表现这类材质效果时，色彩应力求过渡均匀，明暗对比以柔和为主。

7.2.4　低光泽金属椭圆体绘制案例

下面将通过低光泽金属椭圆体的绘制来学习低光泽金属材质的表现方法，效果如图 **7-66** 所示。具体绘制方法如下。

图 7-66　低光泽金属椭圆体

（1）新建文件。设置文件"宽度"为 **25** 厘米，"高度"为 **25** 厘米，"分辨率"为 **300** 像素 / 英寸，并将其命名为"低光泽金属"。新建图层并命名为"主体轮廓"。在工具箱中选择 （椭圆选框工具）绘制椭圆形，使用工具箱中的 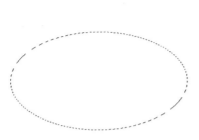（渐变工具）对椭圆进行"径向渐变"填充，绘制效果如图 7-67 ～图 7-69 所示。

图 7-67　主体轮廓外形　　　　图 7-68　主体轮廓渐变填充方向　　　　图 7-69　主体效果

（2）对"主体轮廓"内容执行"滤镜"——"杂色"——"添加杂色"菜单命令，"添加杂色"参数设置及绘制效果如图 7-70、图 7-71 所示。

图 7-70　添加杂色相关设置　　　　图 7-71　主体表面绘制效果

（3）为了使低光泽金属的材质特征更逼真，对主体轮廓继续执行"滤镜"——"模糊"——"高斯模糊"菜单命令，"高斯模糊"相关参数设置及绘制效果如图 7-72、图 7-73 所示。

图 7-72　高斯模糊相关设置　　　　图 7-73　材质处理效果

（4）新建"暗部轮廓"图层，使用前面案例相同的方法选取暗部区域。然后按住 Ctrl 键，单击"暗部轮廓"图层的小图标，此时暗部轮廓选区被选中。新建"暗部光影"图层，对其填充白色，效果如图 7-74 所示。

对"暗部光影"图层先后执行"滤镜"——"杂色"——"添加杂色"和"滤镜"——"模糊"——"高斯模糊"菜单命令，"添加杂色"、"高斯模糊"命令的相关参数设置及绘制效果如图 7–75、图 7–76 所示。同时降低"暗部光影"图层透明度，绘制效果如图 7–77 所示。

图 7–74　暗部光影位置

图 7–75　添加杂色相关设置

图 7–76　高斯模糊对话框

图 7–77　降低透明度后的暗部效果

（5）将暗部光影内容载入选区，单击图层面板上的 （添加图层蒙版）按钮，为暗部光影选区添加一个蒙版，使用工具箱中的 （画笔工具）选择合适的笔头形状与画笔颜色，配合数位板对选区进行修改，绘制效果如图 7–78 所示。

（6）新建"高光图层"，将"前景色"改为白色，使用工具箱中的 （画笔工具），选用 （柔角画笔）绘制高光区域。对"高光图层"执行"滤镜"——"模糊"——"高斯模糊"菜单命令。执行"自由变换"命令，对高光效果的大小和位置进行调整，绘制效果如图 7–79 所示。

图 7–78　暗部最终效果

图 7–79　高光效果

（7）使用 7.1.2 小节中步骤（9）相同的绘制方法为球体增加阴影，低光泽金属最终绘制效果如图 7–80 所示。

图 7-80　低光泽金属最终绘制效果

7.3　玻璃材质表面效果表达

玻璃材质在产品设计中应用广泛，如硼硅玻璃具有优异的耐高温性能及化学稳定性、极佳的透过率、良好的玻璃表面平整度等特点，所以广泛用于家用电器、照明、环保及化学工程、医疗及生物技术、半导体、电子技术等领域。从表面加工效果来看，玻璃材质分为透明玻璃和半透明玻璃两类。在玻璃绘制过程中，光影常常有两个层次：一个是表面产生的正常光影，另一个是内部产生的与正常光影相反的光影表现。如果是盛有带色液体的透明体，为了使色彩不失去原有的纯度，可以使用白色背景，从而衬托其原有的色彩，如图 7-81 所示。

图 7-81　带色液体的透明体

在绘制高光泽金属、玻璃等透明材质时还可以加入各种蓝色，因为天是蓝色的，这些具有反射习性的材质也应该反射出一些天空的色彩，这样做出的东西会更真实。

7.3.1　透明玻璃效果表达

透明玻璃材质给人的是一种通透的质感表现，透明玻璃的透射率极高，如果表面平整，可以直接透过其本身看到后面的物体，如图 7-82 所示。光线射入透明玻璃后还会发生偏转现象，也就是折射，例如插在透明玻璃瓶的花茎经过折射后看起来是弯的，如图 7-83 所示。因此在表现这类物体时，需要考虑它们所具有的反射、折射与透光程度等特性。

图 7-82　透明玻璃效果　　　　图 7-83　玻璃瓶折射现象

7.3.2　透明玻璃椭圆体绘制案例

下面将通过透明玻璃椭圆体的绘制来学习透明玻璃材质的表现方法，效果如图 7-84 所示。具体绘制方法如下。

（1）新建文件。设置文件"宽度"为 25 厘米，"高度"为 25 厘米，"分辨率"为 300 像素 / 英寸，将其命名为"透明玻璃材质"。新建图层并命名为"主体轮廓"。在工具箱中选择 ▣（椭圆选框工具）绘制椭圆形，使用工具箱中的 ▣（渐变工具）对椭圆进行"线性渐变"填充，绘制效果如图 7-85、图 7-86 所示。

图 7-84　透明玻璃椭圆体

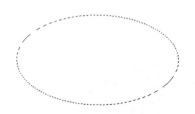 

图 7-85　主体轮廓形状　　　　图 7-86　主体轮廓填充效果

（2）使用 7.1.4 小节中步骤（4）相同的操作方法选取椭圆球体暗部，为其填充"径向渐变"，并调整"暗部效果"图层透明度，绘制效果如图 7-87 所示。

（3）使用 7.1.4 小节中步骤（6）、（7）、（8）中的相同绘制方法，绘制透明玻璃材质高光效果，绘制效果如图 7-88 所示。

图 7-87　暗部处理效果　　　　图 7-88　高光效果

（4）透明玻璃材质的通透性特征，可以通过透印效果来实现。新建图层并将其命名为"透明底"。使用工具箱中 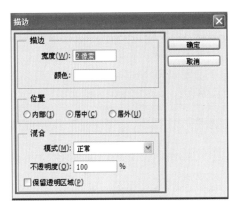 （椭圆选框工具）绘制椭圆形，使用工具箱中 ■（渐变工具）对椭圆进行"线性渐变"填充，使用工具箱中的 ◢（橡皮擦工具）将其没有用的色彩部分擦除，绘制效果如图 7-89、图 7-90 所示。

（5）为了使透明效果更加逼真，对其透明底效果做选区，新建"描边图层"。执行"编辑"——"描边"菜单命令，并将描边图层透明度降低，"描边"相关参数设置及绘制效果如图 7-91、图 7-92 所示。

图 7-91　描边对话框

图 7-89　透明底位置

图 7-90　透明底初步填充效果

（6）使用 7.1.4 小节中步骤（9）相同的操作方法为球体增加阴影，透明玻璃椭圆体最终绘制效果如图 7-93 所示。

图 7-92　透明底描边效果

图 7-93　透明玻璃椭圆体最终绘制效果

7.3.3　半透明玻璃效果表达

半透明玻璃由于特殊表面处理效果，其通透性较弱，但表面肌理效果丰富，如磨砂玻璃等。半透明玻璃材质特征出现的原因有两点：一是表面不够平滑；二是物体内部具有吸收或阻碍光线通过的成分。因此在绘制这类材质的过程中，应抓住"透而朦"的材质特点，玉器、腊制品等均可以借鉴这种绘制方法。

7.3.4　半透明玻璃椭圆体绘制案例

下面将通过半透明玻璃椭圆体的绘制来学习半透明玻璃材质的表现方法，效果如图 7-94 所示。具体绘制方法如下。

（1）新建文件。设置文件"宽度"为 25 厘米，"高度"为 25 厘米，"分辨率"为 300 像素 / 英寸，将其命名为"透明材质"。新建图层并命名为"主体轮廓"。在工具箱中选择 （椭圆选框工具）绘制椭圆形，使用 ■（渐变工具）对椭圆进行"线性渐变"填充，绘制效果如图 7-95 所示。

图 7-94　半透明玻璃椭圆体

（2）使用 7.1.4 小节中步骤（4）中相同的操作方法选取椭圆球体暗部，为其填充"径向渐变"效果，并调整"暗部效果"图层透明度，绘制效果如图 7-96、图 7-97 所示。

图 7-95　主体轮廓绘制效果　　　图 7-96　暗部径向渐变填充效果

（3）使用 7.1.4 小节中步骤（8）的高光效果绘制方法，绘制半透明玻璃高光效果，绘制效果如图 7-98 所示。

图 7-97　暗部透明度调整后效果　　　图 7-98　高光效果

（4）半透明玻璃的"透而朦"特征，也可以通过若隐若现的透印效果来实现。新建图层并将其命名为"透明底"。在工具箱中选择 ⬭（椭圆选框工具），绘制椭圆形，使用工具箱中的 ▣（渐变工具）对椭圆进行"线性渐变"填充，并对选区继续执行"编辑"——"描边"菜单命令，"描边"相关参数设置及绘制效果如图 7-99～图 7-101 所示。

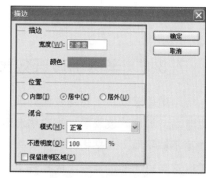

图 7-99　透明底位置　　　图 7-100　描边对话框

（5）降低"透明底"图层的透明度，使用工具箱中的 ✐（橡皮擦工具）将没有用的色彩擦除，绘制效果如图 7-102 所示。

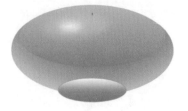

图 7-101　透明底填充效果　　　图 7-102　"透而朦"处理效果

（6）使用 7.1.2 小节中步骤（9）中相同的操作方法为球体增加阴影，半透明玻璃椭圆体最终绘制效果如图 7-103 所示。

图 7-103　半透明玻璃椭圆体最终绘制效果

7.4　课堂总结

本章主要讲述现代产品设计中经常用到的塑料材质、金属材质、玻璃材质的表现方法。后面的章节会逐步深入讲解如何用 Photoshop 和 SAI 表现近几年来新兴的并得到比较广泛应用的材质。在产品效果图的制作过程中，除了色彩的表达外，材质的表达也非常关键。在产品设计计算机快速表达中，除了利用软件绘制材质来表现外，还可以直接用导入材质位图来表现，大家可以不断的尝试，找到一种更加适合自己的方法。

7.5　课后练习

1. 高光泽塑料材质表面具有较高的硬度和光洁度，光影变化十分明显，高光和反光出现的位置相对比较_____，并且轮廓_____。

2. 高光泽金属材质物体表面光洁明亮，触感硬朗。在有强烈光线照射情况下，反射光较_____，而且表面会反射周围的物体。根据物体表面的_____，反射图像的扭曲程度也会有所不同。

3. 高光泽塑料材质因表面光滑且坚硬而会产生大面积的光影效果，在绘制时既要保证光影轮廓的_____，同时又要避免过于_____和表面化。

4. 绘制如图 7-104 所示的塑料材质移动电源六视图。

图 7-104　移动电源六视图

第 *8* 章　产品细节处理方法

产品设计计算机快速表达中，为简单造型添加细节，并不需要花费很多时间。精彩的细节表现会使设计增色不小，可以使设计图变得生动且易于理解。为产品添加一些典型的细节特征,如按键细节、屏幕细节等。不仅可以丰富产品的造型，使造型更加真实，使一个简单的造型变成一件产品，而且对于观察者来说，这些细节传达了产品的气质特征和重要信息。在产品表现过程中，有时我们会把产品的细节刻画到极致，甚至是夸张。因为这样可以使得产品更有力量，结构清晰，一目了然。本章将重点介绍按键细节、屏幕细节、发光效果、特殊结构细节等内容的表达。

8.1　按键细节表达

好的细节刻画能够起到点睛效果。绘制操作按键也相当于一个产品的绘制过程。要像对待整体一样处理按键细节，同时按键的细节要服从整体效果。根据产品的外观结构特点，目前产品设计中的按键，可以分为用于交互界面的平面式按键和用于外观实体的立体式按键。本章我们围绕用于产品实体的立体式按键展开绘制方法的讲解。

8.1.1　播放器按键绘制案例

下面介绍利用 Photoshop 软件绘制播放器按键的方法，效果图如图 8-1 所示。具体绘制方法如下。

1. 绘制主体效果

（1）本实例使用 Photoshop 软件绘制。打开 Photoshop 软件，按 Ctrl+N 键新建画布，设置文件"宽度"为 25 厘米，"高度"为 20 厘米，"分辨率"为 300 像素 / 英寸。新建组并命名为"background"，在组内新建"渐变底层"图层。在工具箱中选择 （渐变工具），单击渐变条，设置颜色色标数值分别为 #ffffff（位置：0%）和 #d7d5df（位置：100%），在"渐变底层"图层由上向下拖动鼠标填充径向渐变背景，填充效果如图 8-2 所示。

（2）绘制按键排列整体大小。使用工具箱中的 （圆角矩形工具），

图 8-1　按键绘制效果

在属性栏中将"半径"设置为25，"填充"设置为白色，"描边"设置为无，在画布中央绘制一个长条状的圆角矩形，生成"按键排列位置"形状图层，绘制效果如图8-3所示。

图 8-2 渐变底层填充效果

图 8-3 按键排列位置效果

（3）按Ctrl+J键复制"按键排列位置"图层，生成"按键排列位置副本"图层。选择工具箱中的 ▶ （移动工具），使用键盘的"↑"键将副本层向上移动3像素，双击图层添加"图层样式"的"渐变叠加"效果，设置颜色色标数值分别为 #e4e3e8（位置：0%）和 #cdccd0（位置：100%）。"渐变叠加"参数设置及绘制效果如图8-4、图8-5所示。

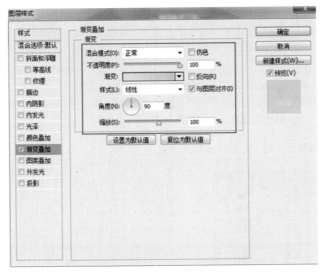

图 8-4 "渐变叠加"图层样式相关设置

图 8-5 "按键排列位置副本"图层绘制效果

（4）新建组"黑色按键"，并在组内新建图层"黑色按键底图"。使用工具箱中的 ▢ （圆角矩形工具），在属性栏中将"半径"设置为25像素，"填充"设置白色，"描边"设置为无，按住 Shift 键拖动鼠标绘制一个圆角正方形，并为该图层添加图层样式，选择"投影"选项，其他参数设置及绘制效果如图8-6、图8-7所示。

（5）按 Ctrl+J 键复制"黑色按键底图"图层，生成"黑色按键主体"图层，单击 ▶ （移动工具），使用键盘的"↓"键向下移动3像素，并为图层添加图层样式，选择"斜面和浮雕"、"内发光"、"渐变叠加"选项，将"内发光"颜色设置为白色，"渐变叠加"的颜色色标分别为 #1d1c20（位置：0%）和 #ffffff（位置：100%），其他参数设置及绘制效果如图8-8～图8-10所示。

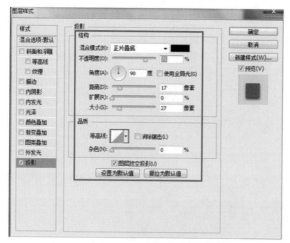

图 8-6 "投影"图层样式相关设置 | 图 8-7 "黑色按键底图"绘制效果

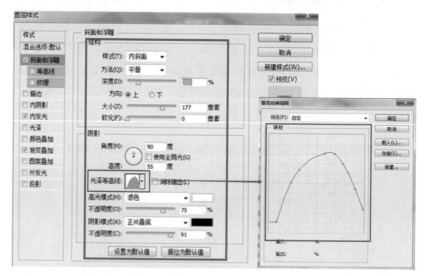

图 8-8 "斜面和浮雕"图层样式相关设置

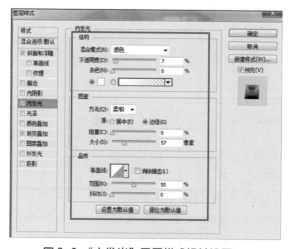

图 8-9 "内发光"图层样式相关设置 | 图 8-10 黑色按键初步绘制效果

（6）使用工具箱中的 （钢笔工具），在属性栏中选择"形状"选项，将"填充"设置为黑色，"描边"设置为无，绘制并生成"左边底脚暗部"形状图层。画好后单击右侧的属性选项卡，将"浓度"设置为 78%，将"羽化"值设置为 16 像素，其他参数设置及绘制效果如图 8-11、图 8-12 所示。

图 8-11　属性选项卡相关设置

图 8-12　左边底脚暗部绘制效果

（7）按 Ctrl+J 键复制"左边底脚暗部"形状图层，生成"右边底脚暗部"形状图层，对其执行"编辑"——"变换路径"——"水平翻转"菜单命令，将复制的形状移动到矩形右边的相应位置，使其左右对称，绘制效果如图 8-13 所示。

（8）新建"自定义形状"文件，使用工具箱中的 🖊（钢笔工具）绘制如图 8-14 所示的形状，并且执行"编辑"——"自定义形状"菜单命令，如图 8-15 所示。关闭该文件。

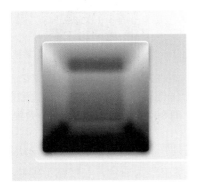

图 8-13　右边底脚暗部绘制效果

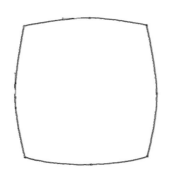

图 8-14　按键中部形状

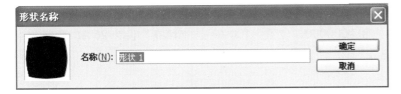

图 8-15　自定义形状对话框

（9）选择工具箱中的 🖊（自定形状工具），单击形状右边的箭头 ⚙ 形状: →▪ ，选择绘制完成的自定义形状 ▢ ，按住 Shift 键拖动鼠标在黑色矩形中央绘制一个自定义形状，生成"按键中部形状"形状图层，使用移动工具将其放置在中央，在按住 Alt+Shift 键的同时拉动变换控件调整大小。添加图层样式，选择"渐变叠加"、"外发光"选项，设置"外发光"颜色为白色，并将"渐变叠加"颜色色标分别设置为 #111114（位置：19%）和 #504f5b（位置：100%），其他参数设置及绘制效果如图 8-16 ～图 8-19 所示。

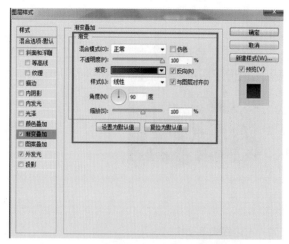

图 8-16 "渐变叠加"图层样式相关设置

图 8-17 渐变色条相关设置

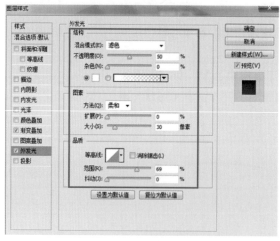

图 8-18 "外发光"图层样式相关设置

图 8-19 按键中部形状绘制效果

（10）使用工具箱中的 ⬚.（钢笔工具），在属性栏中选择"形状"选项，生成"中部高光"形状图层，"填充"为白色，在按钮上绘制高光形状，绘制效果如图 8-20 所示。

（11）为"中部高光"图层添加蒙版 ⬚.。使用工具箱中的 ⬚.（渐变工具），填充对称渐变效果。将渐变颜色色标分别设置为 #ffffff（位置：0%）和 #000000（位置：100%）。"填充"设为 25%，蒙版效果如图 8-21 所示。

图 8-20 中部高光形状

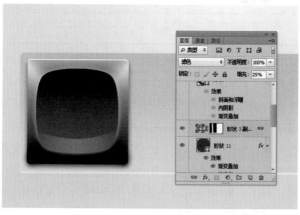

图 8-21 中部高光绘制效果

（12）使用工具箱中的 ✐（钢笔工具），在属性栏中勾选"形状"。
使用钢笔工具绘制形状，如图 8-22 所示，画好后使用属性栏中的"合
并形状"将其组合，生成"按键 1 标识"形状图层，如图 8-23 所示。
为图层添加图层样式，选择"斜面和浮雕"、"内阴影"、"渐变叠加"
选项，将"渐变叠加"的颜色色标数值分别设置为 #aeaeae（位置：
0%）和 #000000（位置：100%）。其他参数设置及黑色按键绘制效果
如图 8-24 ～图 8-27 所示。

图 8-22　按键 1 标识基本形状

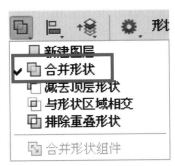

图 8-23　合并形状

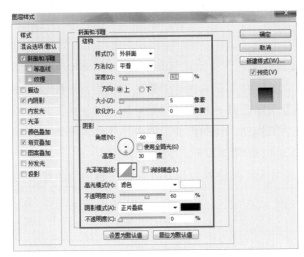

图 8-24　"斜面和浮雕"图层样式相关设置

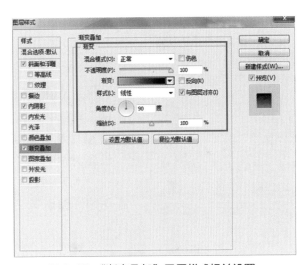

图 8-25　"渐变叠加"图层样式相关设置

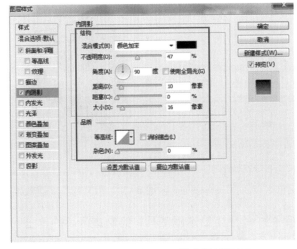

图 8-26　"内阴影"图层样式相关设置

图 8-27　按键 1 最终绘制效果

图 8-28　白色按键 1 效果

2. 其他组合按键及阴影绘制效果

（13）复制"黑色按键"组，将组命名为"白色按键 1"。选择"白色按键 1"中的按键标示，删除所在图层，并且更改其他图层的"渐变叠加"的颜色以及"斜面和浮雕"中的阴影颜色，其他参数值保持不变，绘制效果如图 8-28 所示。

（14）使用绘制主体效果中的步骤（12）相同的绘制方法，在白色按键中央绘制圆角三角形，并添加图层样式，改变渐变填充的颜色，其他参数同黑色按键，制作效果如图 8-29 所示。

（15）使用同样的方法绘制剩下的两个按键，制作效果如图 8-30 所示。

图 8-29　白色按键 1 最终绘制效果

图 8-30　白色按键 2、3 最终绘制效果

（16）在"黑色按键"组的下面新建组并命名为"shadow"，为按钮统一添加投影。在"shadow"层内新建"黑色按键阴影"图层，使用工具箱中的 ◯.（椭圆选框工具）绘制一个圆形选区，使用工具箱中的 ▣（渐变工具），为其填充"径向渐变"效果，颜色色标数值分别设置为 #000000（0%）和 #ffffff(100%)，执行"滤镜"——"模糊"——"动感模糊"菜单命令，其他参数设置及黑色按键绘制效果如图 8-31、图 8-32 所示。

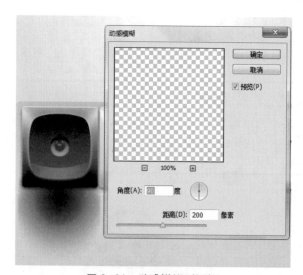

图 8-31　动感模糊对话框

图 8-32　阴影初步处理效果

（17）使用工具箱中的 ▣（矩形选框工具）绘制选区，并单击图层下方的 ▣（蒙版工具），图层自动为选区添加蒙版，绘制效果如图 8-33、图 8-34 所示。

图 8-33　选区大小及形状　　　　　图 8-34　添加蒙版效果

（18）单击图层上的蒙版，执行"滤镜"——"模糊"——"高斯模糊"菜单命令，设置半径为 10，其他参数设置及绘制效果如图 8-35、图 8-36 所示。

（19）使用工具箱中的 ⯈⊹（移动工具），将投影上移，修改图层"混合模式"，选择"正片叠底"，并调整该层的"不透明度"为 25%。绘制效果如图 8-37 所示。

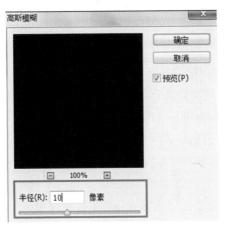

图 8-35　高斯模糊对话框　　　　图 8-36　高斯模糊效果　　　　图 8-37　黑色按键阴影最终绘制效果

（20）复制几个投影图层出来，分别放在其他 3 个按钮下面，播放器按键最终绘制效果如图 8-38 所示。

图 8-38　播放器按键最终绘制效果

8.1.2 汽车局部按键绘制案例

下面介绍利用 SAI 软件绘制汽车局部按键的方法，效果如图 8-39 所示。具体绘制方法如下。

图 8-39 汽车局部按键最终绘制效果

（1）本实例使用 SAI 软件绘制。打开 SAI 软件，新建 A3 大小的文件，将图层名称修改为"线稿"。使用直径为 2 的"铅笔"在线稿图层中绘出线稿轮廓，绘制效果如图 8-40 所示。

（2）新建"基本颜色"图层后分色，在同一图层内利用"油漆桶"将每个区域填充基本底色。在填充时，将线稿图层指定为选取来源，将"油漆桶"的选取来源设置为指定为选取来源的图层，如图 8-41、图 8-42 所示。这样可以在基本颜色图层中根据线稿中的区域来填充，绘制效果如图 8-43 所示。如图 8-44 所示中的 1 ～ 6 区域的颜色分别为 #303030、#2f2f2f、#444444、#212322、#3b0d0d、#3b0d0d。蓝灰色圆形按键从外到内圆环的颜色分别为 #320812、#665d5e、#5b72a8、#413b3d。下方圆形按键颜色为 #140001、#140001，其余都为纯黑色的暗部。

图 8-40 汽车局部按键线稿

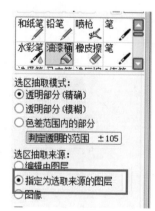

图 8-41 指定选取来源　　　　图 8-42 为选区抽取来源类型

图 8-43　填充效果　　　　　图 8-44　填充色彩设置

（3）使用 ✐（魔棒工具）选中一个色彩区域，如图 8-45 所示。根据该区域的造型与光源，利用喷枪绘出该区域内的明暗高光，绘制效果如图 8-46 所示。

（4）使用上面步骤相同的方法，完成每个区域的明暗绘制，绘制效果如图 8-47 所示。

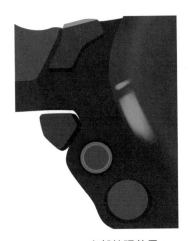

图 8-45　处理区域选择　　　　图 8-46　亮部处理效果　　　　图 8-47　按键亮部效果

（5）新建"塑料材质效果"图层，利用"喷枪"绘出塑料材质上的高光部分，绘制效果如图 8-48、图 8-49 所示。

图 8-48　塑料材质初步高光效果　　　图 8-49　塑料材质高光效果

（6）新建钢笔图层"标识"。利用"折线"和"曲线"，选择白色在按钮上绘制出标识与文字并添加背景，如图 8-50、图 8-51 所示。

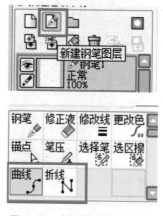

图 8-50　新建钢笔图层设置　　图 8-51　标识绘制效果

（7）打开光盘 \ 素材 \ 第 8 章 \ 汽车按键绘制文件夹中提供的皮革素材，如图 8-52 所示。通过复制粘贴置入图像中，效果如图 8-53 所示。

图 8-52　皮革材质　　　　　　图 8-53　皮革材质置入图像

（8）将文件另存为 PSD 格式，在 Photoshop 软件中打开，将"皮革肌理"图层改为"叠加"模式，如图 8-54 所示。

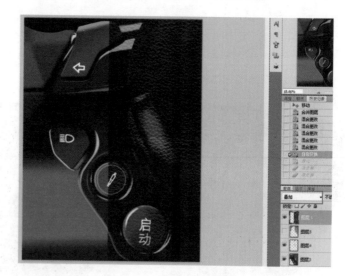

图 8-54　皮革肌理处理方法

（9）将皮革图层放置在合适的位置后，在 Photoshop 中执行"编辑"——"自由变换"菜单命令，按照产品本身的形状，调整皮革图层的造型，使其纹理走向与产品的立体造型一致，并擦除多余的部分，如图 8-55 所示。

（10）打开光盘 \ 素材 \ 第 8 章 \ 汽车局部按键绘制文件夹中的塑料肌理纹理素材图，如图 8-56 所示，按照同样的方法附在塑料表面上，汽车局部按键最终绘制效果如图 8-57 所示。

图 8-55　皮革肌理处理效果

图 8-56　塑料肌理素材

图 8-57　汽车局部按键最终完成效果

8.1.3　汽车控制台按键绘制案例

下面介绍利用 SAI 软件绘制汽车控制台按键的方法，效果如图 8-58 所示。具体绘制方法如下。

图 8-58　汽车控制台按键

（1）本实例使用 SAI 软件绘制。新建 SAI 文件，设置尺寸为横版 A3 大小，图层名称改为"线稿"。使用直径为 2 的"铅笔"工具，如图 8-59 所示，画出产品轮廓，绘制效果如图 8-60 所示。

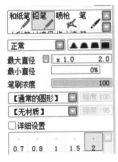
图 8-59　绘制画笔选择

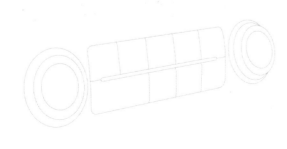
图 8-60　线稿效果

（2）新建"背景"图层，填充背景色，按照产品整体的明暗走向将背景画出过渡色，效果如图 8-61 所示，由左到右的 5 个色阶的灰色分别为 #303030、#363636、#454545、#5a5a5a、#636363。

图 8-61　基本底色安排效果

（3）将"水彩笔"设置为如图 8-62 所示。由于"模糊笔压"设置为最高，因此水彩笔不具有颜色，使用水彩笔将背景的色块边界抹均匀，绘制效果如图 8-63 所示。

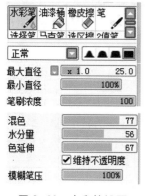

图 8-62　水彩笔设置

图 8-63　水彩笔处理效果

（4）新建"基本色块"图层进行分色，将产品色彩与背景色有差别的区域填充基本底色，注意相邻的色块分布在不同的图层内，色块 1～6 的颜色分别为 #2d2d2d、#909090、#272727、#575757、#ababab、#1d221b，中间条形的颜色为 #8a8a8a，绘制效果如图 8-64 所示。

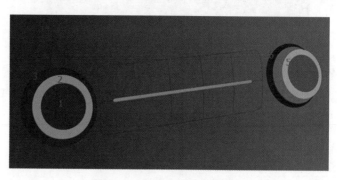

图 8-64　按键基本色填充位置

（5）选中各个区域建立选区，如图 8-65 所示。新建"按键光影"图层，在选区内选取与底色相同色相，将明度更高与更低的颜色用"喷枪"分别画出高光和阴影，体现产品的明暗与凹凸效果，绘制效果如图 8-66 所示。

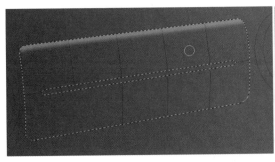

图 8-65　按键光影选区

（6）利用"喷枪"将产品主要外形的凸出感画出，上侧颜色为
#979797，下侧为 #191919。靠近上下两侧处选择直径较大的喷枪，或
适当调低不透明度，"喷枪"设置如图 8-67 所示，画出两个旋钮在周
围投下的阴影，绘制效果如图 8-68 所示。

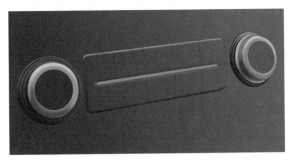

图 8-66　按键光影处理效果

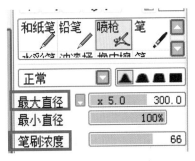

图 8-67　喷枪设置

（7）新建"按键缝隙"图层，将颜色调为 #070707，使用"喷枪"
绘制按键之间的缝隙，绘制效果如图 8-69 所示。先用直径较小的高浓
度喷枪画一条线，再用直径稍大浓度略低的喷枪沿着这条线重复画，如
图 8-70 所示。

图 8-68　按键外轮廓绘制效果　　　　　　图 8-69　按键缝隙处理效果

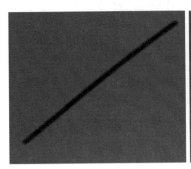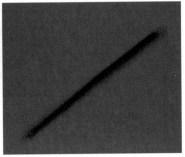

图 8-70　缝隙处理细节

（8）添加细节。新建"按键符号"图层，设置数值为#c1c1c1的较浅灰色，使用"铅笔"在相应位置绘制出按键上的符号，完成图像。指示灯具体画法：选取#333333灰色，使用"铅笔"画一个椭圆，再选取#1a1a1a的深灰色，使用"喷枪"画出其边沿的缝隙，再使用#c1c1c1在周围绘制短圆弧表示高光。在绘制发亮的指示灯时，选取#48c97f颜色，使用直径为50、透明度为50的"喷枪"画出一个椭圆，再将透明度调为100，在椭圆中部加深，再选取#e3efec颜色，使用直径为30的"喷枪"在中心画一个较小的椭圆，完成后复制到其他所需位置即可，指示灯具体画法步骤如图8-71所示。汽车控制台按键最终绘制效果如图8-72所示。

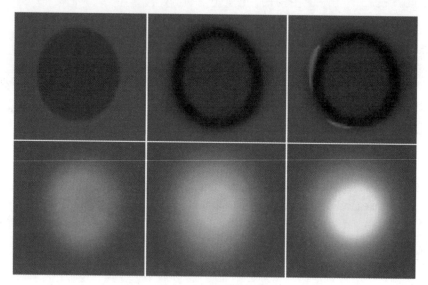

图 8-71　指示灯绘制

图 8-72　汽车控制台按键最终完成效果

8.2 透明屏细节表达

透明屏是一些现代产品必不可少的组成部分，如样式纷繁的各类电子产品、光学相机镜头、各类仪表盘等都有透明屏的存在。对于带有透明显示屏的电子产品，有必要在透明屏细节表现中加入一些显示内容来增加产品的真实感，如图 8-73 所示。在透明屏细节制作中，由于透明材料的特性，一般会有两个表现方向：一是绘制里层的光影变化和外部丝印在里层的投影；二是表现外层的光影变化。例如，制作电子产品屏幕上的显示符号，并对其投射的阴影加以表示，这样可以体现显示屏的厚度和透明特征。如果无明显符号，可以通过不同的简单明暗关系来表现透明屏的效果。需要注意的是，绘制时通常需要优先考虑显示屏的透明度。透明度不同，投射的阴影强弱也不同，其次才考虑对显示屏的反光等细节的处理。

本书将光学镜头定义为一种特殊的透明屏，如图 8-74 所示。由于其表面玻璃材质的通透性和内部结构的复杂性，使得在描绘具有光学镜头的产品，如相机、投影仪等过程中，会不由自主的将注意力集中在此，并且绘制时间放长。由于光学镜头不是普通玻璃，表面会有一些特殊材质，所以看上去会有颜色，这也是光学镜头最大的特点。

其他具有透明屏的产品，如各类仪表盘上的透明屏等，如图 8-75 所示。

图 8-73 具有电子显示屏的产品

图 8-74 相机镜头效果

图 8-75 仪表盘透明屏幕效果

8.2.1 电子显示屏绘制案例

下面介绍利用 Photoshop 软件绘制电子显示屏的方法，效果如图 8-76 所示。具体绘制方法如下。

（1）本例使用 Photoshop 软件绘制。打开 Photoshop 软件，按 Ctrl+N 键新建画布，设置文件"宽度"为 25 厘米，"高度"为 25 厘米，"分辨率"为 300 像素 / 英寸。使用工具箱中的 （圆角矩形形状工具），在属性栏中将"半径"设置为 3，绘制矩形，生成"圆角矩形 1"形状图层。双击图层为该层添加图层样式，选择"斜面和浮雕"选项，设置亮部颜色为 #a3a3ad，选择"渐变叠加"选项，将颜色色标分别设置为 #868e96（0%）和 #eff2f7（100%）。其他参数设置及绘制效果如图 8-77 ～图 8-79 所示。

图 8-76 电子显示屏绘制效果

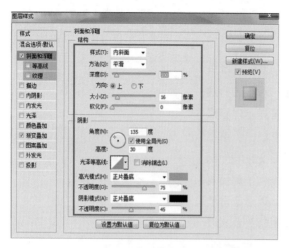

图 8-77 "斜面和浮雕"图层样式相关设置

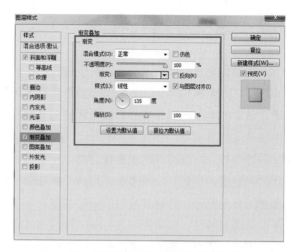

图 8-78 "渐变叠加"图层样式相关设置

图 8-79 圆角矩形 1 绘制效果

（2）使用步骤 1 相同的办法，在中央绘制一个圆角矩形，生成"圆角矩形 2"形状图层，为图层添加图层样式，选择"内阴影"、"内发光"、"渐变叠加"选项，其中"内发光"颜色为白色，"渐变叠加"颜色色标数值分别设置为 #6c8a83（位置：0%）和 #b7c6c2（位置：100%）。其他参数设置及绘制效果如图 8-80 ～图 8-83 所示。

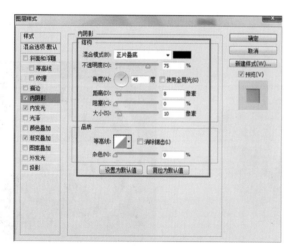

图 8-80 "内阴影"图层样式相关设置

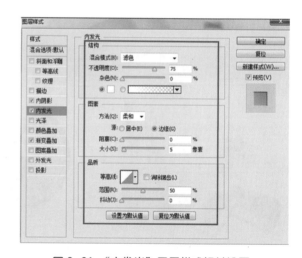

图 8-81 "内发光"图层样式相关设置

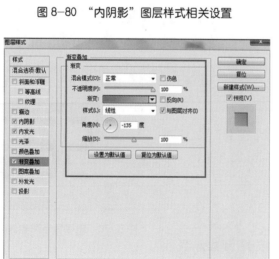

图 8-82 "渐变叠加"图层样式相关设置

图 8-83 圆角矩形 2 绘制效果

（3）使用工具箱中的 <u>T.</u>（横排文字工具），在字体面板中选择 LCD 字体，该字体可从网上下载。将字体颜色设置为黑色，在绘制好的屏幕上输入"52.3"显示内容，调整大小效果如图 8–84 所示。

（4）按 Ctrl+J 键复制"52.3"文字图层，生成"52.3 副本"文字图层。使用工具箱中的 <u>▶+</u>（移动工具），将复制文字副本图层向下向右分别移动 5 像素，并将其"不透明度"设为 30%，最后将该图层调至文字图层的下面，屏幕最终绘制效果如图 8–85 所示。

图 8–84　LED 字体效果

图 8–85　电子显示屏最终绘制效果

8.2.2　光学镜头绘制案例

下面介绍利用 Photoshop 软件绘制光学镜头的方法，效果如图 8–86 所示。具体绘制方法如下。

图 8–86　镜头效果

1. 镜头外框效果绘制

（1）本例使用 Photoshop 软件绘制。打开 Photoshop 软件，按 Ctrl+N 键新建画布，设置文件"宽度"为 28 厘米，"高度"为 25 厘米，"分辨率"为 300 像素／英寸。使用工具箱中的 <u>■.</u>（渐变工具）填充背景图层，选择"径向渐变"，将颜色色标数值分别设置为 #ffffff（位置：0%）和 #000000（位置：100%），绘制效果如图 8–87 所示。

（2）使用工具箱中的 <u>●.</u>（椭圆工具），配合键盘 Shift 键绘制镜头最外层正圆，将图层命名为"圆 1"。双击图层添加图层样式，选择"描边"、"渐变叠加"选项，其中"渐变叠加"的颜色色标分别设置为 #212123（位置：11%）、#b7b7ba（位置：30%）、#010101（位置：63%）、#ffffff（位置：100%），其他参数设置及操作效果如图 8–88 ～图 8–90 所示。

图 8–87　背景图层填充效果

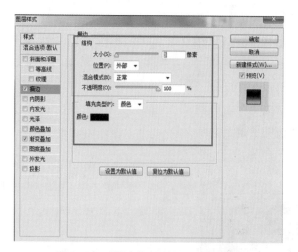

图 8-88 "描边"图层样式相关设置

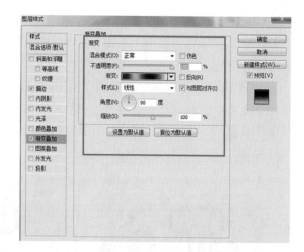

图 8-89 "渐变叠加"图层样式相关设置

（3）按 Ctrl+J 键复制"圆 1"图层，执行"自由变换"命令，按住 Shift+Alt 键拖动变换框缩小几个像素，得到与圆 1 同心且略小的圆 2，将图层命名为"圆 2"。删掉原有图层样式并重新添加，选择"内阴影"、"渐变叠加"选项，其中"渐变叠加"的颜色色标分别设置为 #45454c（位置：0%）和 #232326（位置：100%），其他参数设置及绘制效果如图 8-91 ～图 8-93 所示。

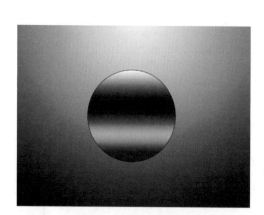

图 8-90 圆 1 绘制效果

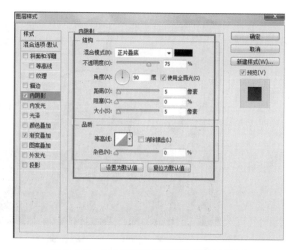

图 8-91 "内阴影"图层样式相关设置

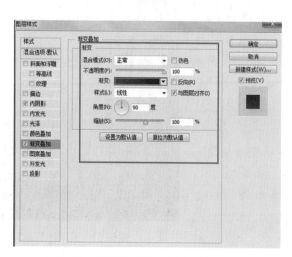

图 8-92 "渐变叠加"图层样式相关设计

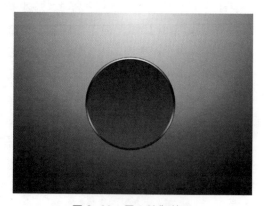

图 8-93 圆 2 绘制效果

100

（4）使用步骤（3）相同的方法得到"圆 3"图层，并改变"圆 3"
图层样式中"渐变叠加"的参数，将"渐变叠加"的颜色色标分别设置
为 #26272a（位置：0%）、#18181e（位置：52%）和 #ffffff（位置：
100%），绘制效果如图 8-94、图 8-95 所示。

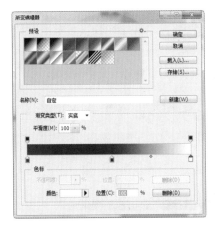

图 8-94 "渐变叠加"色标位置

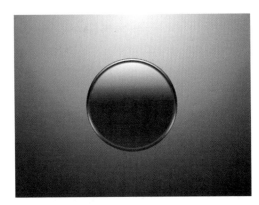

图 8-95 圆 3 绘制效果

（5）使用相同方法，得到"圆 4"图层，改变"圆 4"图层样式，
选择"描边"、"内阴影"、"渐变叠加"选项。其中"渐变叠加"
的颜色色标分别设置为 #898993（位置：0%）和 #121213（位置：
100%），其他参数设置及操作效果如图 8-96 ～图 8-99 所示。

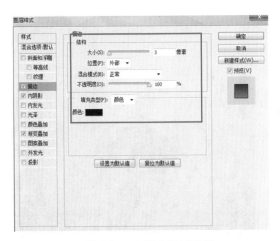

图 8-96 "描边"图层样式相关设置

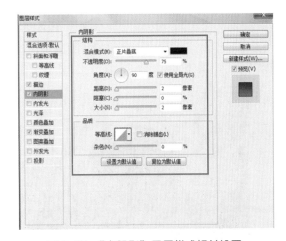

图 8-97 "内阴影"图层样式相关设置

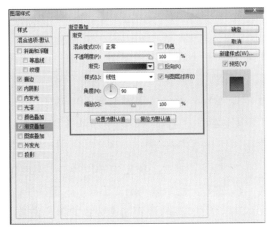

图 8-98 "渐变叠加"图层样式相关设置

图 8-99 圆 4 绘制效果

（6）使用相同方法绘制 5 个圆，从而得到"圆 5"、"圆 6"、"圆 7"、"圆 8"、"圆 9"图层。并且每个圆比上一个圆缩小 1 到 2 个像素，绘制效果如图 8-100 所示。

（7）使用相同方法绘制"圆 10"图层，缩小 1 像素，修改图层样式，选择"渐变叠加"选项，"渐变叠加"的颜色色标分别设置为 #000000（位置：67%）和 #c9c9c9（位置：100%），其他参数设置及绘制效果如图 8-101、图 8-102 所示。

图 8-100　多圈绘制效果

图 8-101　渐变叠加色标位置

（8）使用步骤（6）中的相同绘制方法，复制"圆 10"3 次，依次缩小几像素，得到"圆 11"、"圆 12"、"圆 13"图层。依次对这三个图层填充 #000000、#0c0c0d、#1e1e21，并将这 3 个图层的图层样式删掉，绘制效果如图 8-103 所示。

图 8-102　圆 10 绘制效果

图 8-103　圆 11、12、13 绘制效果

2. 镜头反光效果绘制

（9）使用工具箱中的 ◉（椭圆工具）在中心绘制一个小圆，得到"圆 14"图层，颜色填充为 #121214，绘制效果如图 8-104 所示。

（10）使用步骤（9）中的相同绘制方法再绘制一个更小的圆，得到"圆 15"图层，填充为黑色，效果如图 8-105 所示。

（11）复制上一层，得到"圆 16"图层，填充为 #ddff81，单击图层面板下方的 ◙（蒙版工具），在蒙版上用 ◙（渐变工具），选择"径向渐变"填充。使用工具箱中的 ⊹（移动工具）向下向右分别偏移几像素，绘制效果如图 8-106 所示。

图 8-104　圆 14 绘制效果

图 8-105　圆 15 绘制效果

（12）新建"光点"图层，使用工具箱中的 ⁄. （画笔工具），选择柔边画笔。在中心的最小的圆内用不同的颜色绘制几个不同颜色的光点，绘制效果如图 8-107 所示。

图 8-106　圆 16 绘制效果

图 8-107　光点绘制效果

（13）复制"圆 9"图层，得到"圆 17"图层，填充颜色为 #64cbbe，并为图层添加蒙版，使用"径向渐变"在蒙版上做出如图 8-108 所示的效果。

（14）使用步骤（2）中相同绘制方法得到"圆 18"图层，绘制左上角的光色，"径向渐变"颜色色标数值分别设置为 #6a71ff（0%）和 #c66ad4（100%）。同理，绘制"圆 19"图层，绘制效果如图 8-109 所示。

图 8-108　圆 17 绘制效果

图 8-109　圆 18、19 绘制效果

（15）最后绘制一个大小如图 8-110 所示的圆形，得到"圆 20"图层。双击该图层，为其添加图层样式，选择"渐变叠加"，颜色色标数值分别设置为 #50a4b9（位置：0%）、#1642c0（位置：50%）和 #7f19b9（位置：100%），其他参数设置及绘制效果如图 8-111、图 8-112 所示。

调整图层"不透明度"为 10% 左右。最终效果如图 8-113 所示。

图 8-110　圆 20 大小及位置

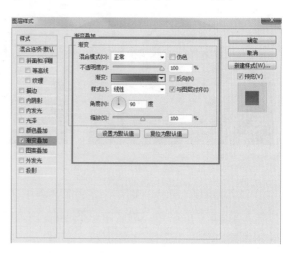

图 8-111　"渐变叠加"图层样式相关设置

图 8-112　渐变叠加色标效果及位置

图 8-113　镜头最终绘制效果

8.2.3　汽车仪表盘绘制案例

下面介绍利用 SAI 软件绘制汽车仪表盘的方法，效果如图 8-114 所示。具体绘制方法如下。

图 8-114　汽车仪表盘效果

（1）本例使用 SAI 软件绘制。打开 SAI 软件，新建一个横版 A3 大小文件，新建"线稿"图层，使用直径为 2 的"铅笔"绘出线稿轮廓，效果如图 8-115 所示。

（2）新建"分色 1"、"分色 2"图层，将每个色块填充基本底色，注意相邻的色块分布在不同的图层内，绘制效果如图 8-116、图 8-117 所示，其中主体的颜色为 #393939，主体暗部的深色为 #060405，仪表盘的外壳为 #939592，表盘为 #121212，红色按钮为 #821211。填充时，首先将线稿图层设置为"指定选取来源"，设置如图 8-118 所示，再使用"油漆桶"，选择抽取模式为"透明部分（精确）"，选区抽取来源为"指定为选取来源的图层"，设置如图 8-119 所示，这样在填充时就可以识别线稿图层的透明区域，并将颜色填充在其他图层了。

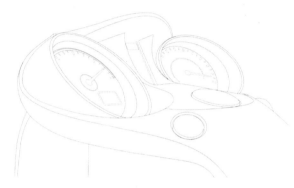

图 8-115　线稿效果

图 8-116　分色效果（1）

图 8-117　分色效果（2）

图 8-118　指定选取来源设置

（3）新建"分色 3"、"分色 4"、"分色 5"、"绿字"图层，使用同步骤（2）相同绘制方法将全部区域填充完毕，绘制效果如图 8-120 所示。

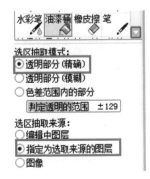

图 8-119　油漆桶填充设置

图 8-120　分色填充完成效果

（4）勾选"保护不透明度"，在每个色块自身的所在图层上，画出其具体的明暗与色彩变化，绘制效果如图 8-121 所示。

（5）勾选"保护不透明度"，使用 100%"模糊笔压"的不具备着色功能的"水彩笔"将色块之间较为突兀的边界抹匀柔和化，绘制效果如图 8-122 所示。全部完成边界柔化后效果如图 8-123 所示。

图 8-121 各部分光影基本效果

图 8-122 局部柔化效果

（6）新建"厚度"图层，利用"喷枪"，在面与面的交界处绘制高光等过渡，使其棱角变得圆滑，绘制效果如图 8-124 所示。

图 8-123 边界柔化效果

图 8-124 厚度绘制效果

（7）复制"绿字"图层，得到"发光"图层。使用"水彩笔"将其模糊后减小不透明度，设置如图 8-125 所示，营造发光效果，并且使用"钢笔"在按钮上画出相应图案，绘制效果如图 8-126 所示。

图 8-125 "发光"图层建立

图 8-126 发光绘制效果

（8）绘制透明屏效果。新建"玻璃反光"图层，将"水彩笔"颜色设置为 #333333，画出玻璃反光形状，绘制效果如图 8-127 所示，然后将图层"混合模式"改为覆盖模式，设置如图 8-128 所示，画出玻璃效果。

图 8-127 玻璃放光初步效果

图 8-128 图层混合模式设置

（9）新建并绘制"背景"图层，汽车仪表盘最终绘制效果如图
8-129 所示。

图 8-129 汽车仪表盘最终绘制效果

8.3 发光效果表达

产品介绍与环境烘托经常会用到各种光效果。一般使用频率最高
的是散射光。散射光有很多种，如背光灯和指示灯发出的柔和散射光、
照明灯具发出的明亮散射光等，如图 8-130 所示。对于光的表现，根
据产品所处场景的不同，其绘制方法也不同。不管是明亮的散射光，还
是柔和的散射光，都有一些基本的绘制方法。例如，通过光投射到其他
物体表面的光晕变化来表达不同光的效果。为了优化光源的视觉效果，
最好把它放置在黑暗的背景中，以方便表现光散射的效果，如图 8-131
所示。

图 8-130 不同灯具散发的不同光线效果

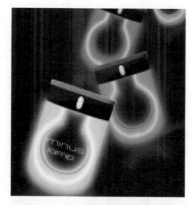

图 8-131 光散射的表现方式

如果灯光没有照射到任何物体的表面而仅仅存在于空中，如图 8-132 所示，可以运用另一种方法表现发光的效果。例如，在光照射的方向画一条模糊的光柱来表示光的轨迹。当然，真实情况并非如此，这仅仅是绘画中一种巧妙表现光线的方法，如图 8-133 所示。

在产品设计计算机快速表达中发光效果可以通过多种方法实现，以 Photoshop 软件为例，可以使用"滤镜"——"渲染"——"光照效果"菜单命令；图层样式"内发光"和"外发光"选项；图层模式中的"滤色"模式也是一种发光模式；配合通道使用"滤镜"——"模糊"——"径向模糊"菜单命令等多种方法。在表现发光物体的质感效果时应注意光线的衰减变化，以及发光体本身的明暗变化。

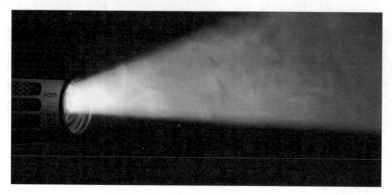

图 8-132 投影仪的光线效果

图 8-133 模拟车灯光线效果

下面介绍利用 Photoshop 软件绘制柔光灯的方法，效果如图 8-134 所示。具体绘制方法如下。

图 8-134 柔光灯光照效果

（1）本例使用 Photoshop 软件绘制。打开 Photoshop 软件，新建文件，设置文件"宽度"为 27 厘米，"高度"为 21 厘米，"分辨率"为 300 像素 / 英寸，将其命名为"柔光灯效果"。将其背景文件填充为黑色。新建"轮廓"图层，使用工具箱中的 （椭圆选取工具），绘制柔光灯外形轮廓，绘制效果如图 8-135 所示。

（2）使用工具箱中的 ■ （渐变工具），设置出柔光灯的灯罩色彩。使用"径向渐变"将选区填充,渐变颜色色标数值分别设置为#9ed8f7（位置：0%）和#003444（位置：100%），其他参数设置与绘制效果如图 8-136、图 8-137 所示。

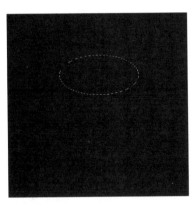

图 8-135 柔光灯轮廓效果

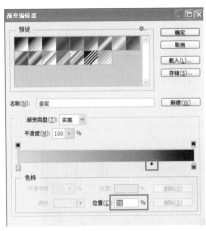

图 8-136 渐变色标的位置

（3）新建"灯罩上部"图层，使用工具箱中的 ○ （椭圆选框工具）和 ■ （渐变工具）绘制柔光灯上部分光照范围，绘制效果如图 8-138 所示。

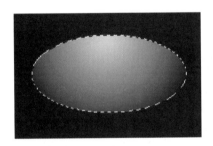

图 8-137 轮廓填充效果

图 8-138 灯罩上部光照范围

（4）为了使灯罩效果更加逼真，可以使用滤镜为其添加滤镜效果，模拟灯罩上的暗花纹效果。新建"灯罩上部材质"图层，并建立如图 8-138 所示的选区，为其填充白色，如图 8-139 所示。将前景色和背景色分别设置白色和黑色。对选区执行"滤镜"——"渲染"——"分层云彩"菜单命令，绘制效果如图 8-140 所示。再一次执行"滤镜"——"滤镜库"——"画笔描边"——"墨水轮廓"菜单命令，参数设置如图 8-141 所示。修改图层混合模式为"滤色"，调整图层不透明度，绘制效果如图 8-142 所示。

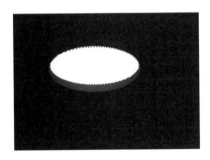

图 8-139 初步填充效果

图 8-140 分层云彩效果

109

（5）使用"滤镜"——"模糊"——"高斯模糊"菜单命令，将模糊"半径"设置为 4.2。灯罩上部效果绘制完成，效果如图 8-143 所示。

（6）绘制灯罩上、下衔接位置。按住 Ctrl 键选择"灯罩上部"渐变效果填充所在图层的图标，将灯罩上部内容载入选区。新建"上下灯罩接缝"图层，执行"编辑"——"描边"菜单命令，参数设置如图 8-144 所示。由于描边为白色，为了更加贴合灯光效果，可以使用工具箱中的 ⬚（魔棒工具），设置"容差"为 5，将描边内容进行选择。然后对其填充渐变效果，渐变颜色色标数值分别设置为 #ffffff（位置：0%）和 #00d9f9（位置：100%）。调整描边效果图层位置，效果如图 8-145 所示。

图 8-141　墨水轮廓参数值设置

图 8-142　调整不透明度效果

图 8-143　灯罩上部绘制效果

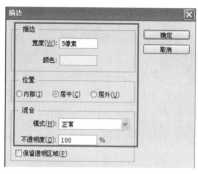

图 8-144　描边参数设置

图 8-145　填充效果

（7）绘制倒影效果。除背景图层外，将其他所有图层选中，单击右键进行"图层链接"，将其复制到新图层并加以合并，成为"倒影"图层，如图 8-146 所示。执行"自由变换"命令，将倒影进行位置和方向的处理，形成倒影初步效果，如图 8-147 所示。执行"滤镜"——"模糊"——"高斯模糊"菜单命令，将模糊半径设置为 120，将图层透明度降低，并对倒影内容添加蒙版渐变，倒影绘制效果如图 8-148 所示。

（8）绘制散光效果。新建"散光效果"图层，使用工具箱中的 ✎（画笔工具），选择柔边缘画笔，笔尖大小调制灯罩大小，并将"前景色"调整为灯光颜色 #1ca8b5。在灯罩上绘制一点，如图 8-149、图 8-150 所示。

（9）对"散光效果"图层执行"编辑"——"变换"——"变形"菜单命令，对柔光效果位置和形状进行调整，直至最佳效果，绘制效果如图 8-151 所示。

（10）使用蒙版对柔光效果进行边缘处理，柔光灯最终绘制效果如图 8-152 所示。

图 8-146　图层链接

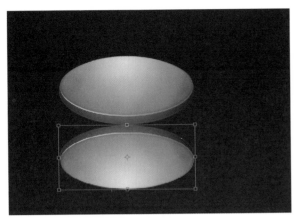

图 8-147　倒影初步效果

图 8-148　倒影最终效果

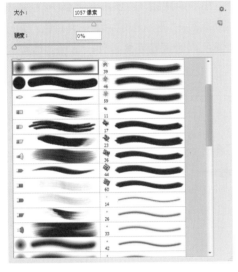

图 8-149　柔角画笔

图 8-150　散光初步效果

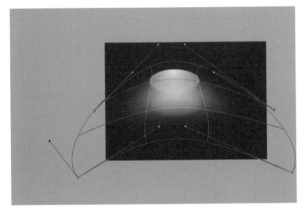

图 8-151　变形命令调整效果

图 8-152　柔光灯最终绘制效果

8.4　结构细节表达

产品的结构虽然属于细小之处，但是对于产品整体效果的表现却非常重要。产品结构缝隙并非单纯的一条线就可以表现到位，因为结构线两侧相对接的部件一般都会有一个很小的斜面，因此在绘制结构细节时切不可随意忽略，一定要体现出这个斜面的厚度。由于结构细节的远近主次不同，在绘制的时候要考虑到它的深浅变化。在产品设计计算机快速表达过程中，为产品加上一些必要的结构细节不仅可以增强视觉效果，使产品看上去更加真实，还便于观者加深对产品结构的理解。

8.4.1 吸尘器结构细节绘制案例

下面介绍利用 Photoshop 软件绘制吸尘器结构细节的方法，效果如图 8-153 所示。具体绘制方法如下。

（1）本例使用 Photoshop 软件绘制。打开 Photoshop 软件，新建文件，设置文件"宽度"为 25 厘米，"高度"为 16 厘米，"分辨率"为 300 像素／英寸。首先绘制吸尘器右侧灰色结构，如图 8-154 所示。新建"右侧"组，在"右侧"组中新建组 1，使用工具箱中的 ◯.（椭圆工具），绘制一个椭圆，生成"椭圆 1"形状图层，填充为白色。执行"自由变形"命令，在按住 Ctrl 键的同时调整变换控件，将椭圆调整为透视效果，如图 8-155 所示。

图 8-153 吸尘器局部结构绘制

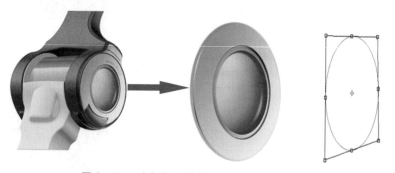

图 8-154 右侧灰色结构　　　　图 8-155 椭圆 1 形状

（2）双击"椭圆 1"图层，添加图层样式，选择"投影"选项，参数设置与绘制效果如图 8-156、图 8-157 所示。

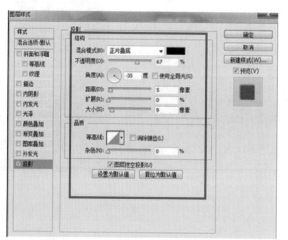

图 8-156 "投影"图层样式相关数值设置　　　图 8-157 添加图层样式后椭圆 1 效果

（3）按 Ctrl+J 键复制"椭圆 1"图层，生成"椭圆 2"图层，并对该图层执行"自由变换"命令，按住 Shift 键拖动变换框缩小椭圆，四周都留一些空隙。修改图层样式，选择"渐变叠加"选项，渐变颜色色标数值分别设置为 #919295（位置：0%）和 #f1f1f6（位置：100%），其他参数设置与绘制效果如图 8-158、图 8-159 所示。

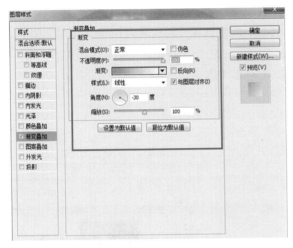

图 8-158 "渐变叠加"图层样式相关设置　　　　图 8-159 椭圆 2 效果

（4）按 Ctrl+J 键再复制最下面的"椭圆 1"生成"椭圆 3"图层，修改图层样式，选择"渐变叠加"选项，渐变颜色色标数值分别设置为 #64647a（位置：0%）、#9198a4（位置：50%）、#83848f（位置：100%），其他参数设置和绘制效果如图 8-160～图 8-162 所示。

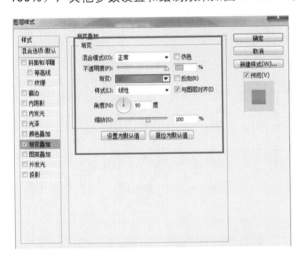

图 8-160 "渐变叠加"图层样式相关设置　　　图 8-161 色标位置　　　图 8-162 椭圆 3 效果

（5）单击图层面板下方的　（蒙版工具），为"椭圆 3"图层添加蒙版，隐藏最上面的图层，使用黑色画笔，降低不透明度和硬度，在蒙版上涂抹，绘制效果如图 8-163 所示。调整图层可见性，效果如图 8-164 所示。

图 8-163 蒙版涂抹效果　　　图 8-164 图层可见性调整后效果

（6）添加椭圆侧面的高光。复制最上面的"椭圆 1"生成"椭圆侧面高光"图层，将此图层放置在"椭圆 1"图层下面。将"椭圆侧面高光"图层填充为白色，向上、向左分别偏移几像素，添加图层蒙版，使用工具箱中的 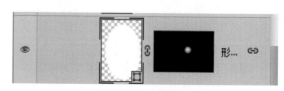（渐变工具），颜色色标分别设置为 #ffffff（位置：0%）和 #000000（位置：100%），填充"径向渐变"效果，在蒙版上从左到右拉动光标，绘制效果如图 8–165 ～图 8–167 所示。

图 8–165 "椭圆侧面
高光"图层形状

图 8–166 蒙版效果

（7）复制"椭圆侧面高光"层，命名为"椭圆侧面阴影"，填充颜色为 #53545d，为图层添加蒙版，使用与步骤（6）中绘制高光的相同方法在高光的下方绘制阴影，效果如图 8–168 所示。

图 8–167 椭圆侧面高光绘制效果
图 8–168 椭圆侧面阴影效果

（8）新建"组 2"，复制"组 1"中的"椭圆 1"到"组 2"内，将其命名为"椭圆 4"，执行"自由变换"命令，按住 Shift 键拖动鼠标将椭圆缩小，调整合适的位置。然后修改图层样式，选择"渐变叠加"、"外发光"选项，其中"渐变叠加"颜色色标数值设置分别为 #3f3c40（位置：0%）、#625d63（位置：26%）、#221f23（位置：77%）、#ffffff（位置：100%），"外发光"颜色为白色，其他参数设置与绘制效果如图 8–169 ～图 8–172 所示。

（9）复制"椭圆 4"，命名为"椭圆 5"，执行"自由变换"命令，拖动变换框将其缩小，然后修改图层样式，选择"内阴影"、"渐变叠加"选项，其中"渐变叠加"颜色色标数值分别设置为 #939398（位置：0%）、#717277（位置：51%）、#e4e4e8（位置：100%），其他参数设置与绘制效果如图 8–173 ～图 8–175 所示。

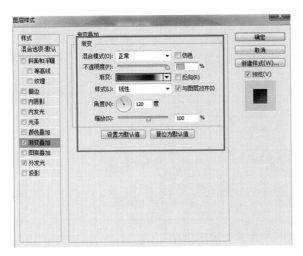

图 8-169　"渐变叠加"图层样式相关设置

图 8-170　色标位置

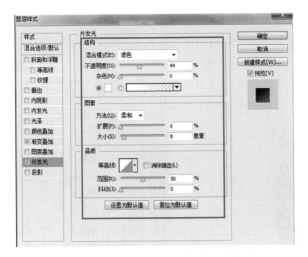

图 8-171　"外发光"图层样式相关设置

图 8-172　椭圆 4 绘制效果

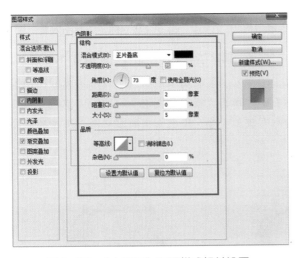

图 8-173　"内阴影"图层样式相关设置

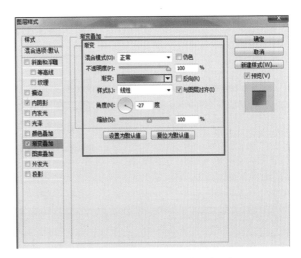

图 8-174　"渐变叠加"图层样式相关设置

（10）复制"椭圆 5"，将其命名为"椭圆 6"，将椭圆再缩小几个像素，
填充颜色为 #444246，然后修改图层样式，选择"外发光"选项，颜色
白色，效果如图 8-176、图 8-177 所示。

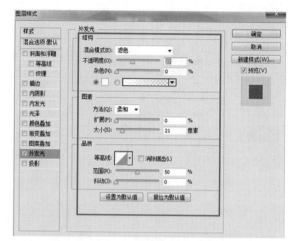

图 8-175　椭圆 5 绘制效果　　　　图 8-176　"外发光"图层样式相关设置

（11）复制"椭圆 6"，将其命名为"椭圆 7"，将其缩小几像素，与上一层椭圆的左边对齐，填充颜色白色，栅格化图层，添加蒙版，使用黑色 （画笔工具）涂抹右下侧，执行"滤镜"——"模糊"——"高斯模糊"菜单命令，设置模糊半径为 5，绘制效果如图 8-178 所示。

图 8-177　椭圆 6 绘制效果　　　　图 8-178　椭圆 7 绘制效果

（12）使用工具箱中的 ✐（钢笔工具）绘制路径，如图 8-179 所示。新建图层并命名为"右下方高光"，单击右键填充路径，填充颜色为白色，在图层上单击鼠标右键，单击"栅格化图层"，执行"滤镜"——"模糊"——"高斯模糊"菜单命令，设置合适的半径数，调整效果如图 8-180 所示。

图 8-179　右下高光形状及位置　　　图 8-180　右侧结构最后绘制效果

（13）吸尘器右侧结构部分绘制完成，由于篇幅限制，本例中的其他部分绘制可按照如图 8-181～图 8-184 所示的顺序，结合前面的绘制方法绘制，也可参照光盘\案例\第 8 章\吸尘器结构细节源文件绘制。

图 8-181　外壳部分

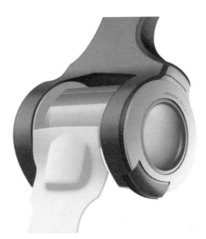

图 8-182　中间部分

图 8-183　蓝色结构细节

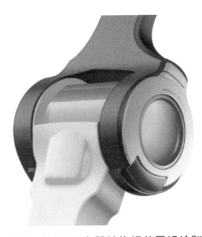

图 8-184　吸尘器结构细节最终绘制
　　　　　效果

8.4.2　产品散热孔结构细节绘制案例

下面介绍利用 SAI 软件绘制产品散热孔结构细节的方法，效果如图 8-185 所示。具体绘制方法如下。

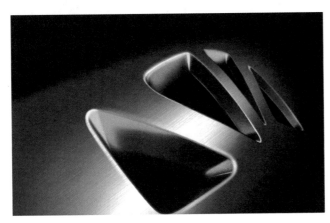

图 8-185　产品散热孔效果

（1）本例使用 SAI 软件绘制。打开 SAI 软件，新建"背景"图层，利用"喷枪"大致画出产品底色与造型，从最外侧到内侧所选取颜色分别为 #000000、#4e4e4e、#eeeeee，绘制效果如图 8-186 所示。

图 8-186　背景处理效果

（2）分别使用颜色为黑色（#000000）和深灰色（#484848）的"铅笔"画出表面散气孔的基本形状与位置，两种颜色分别各占"散热孔黑色"、"散热孔侧面"图层，绘制效果如图 8-187 所示。

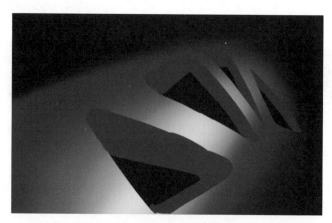

图 8-187　散热孔基本明暗关系

（3）使用"铅笔"与"橡皮擦"对步骤（2）所画的图形进行边缘修整，绘制效果如图 8-188 所示。

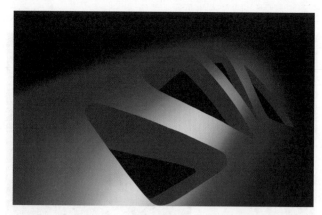

图 8-188　散热孔明暗关系细节处理

（4）选中散热孔侧壁所在的"散热孔侧面"图层，勾选"保护图层

的不透明度"，参数设置如图 8-189 所示，分别使用颜色为 #aeaeae
和颜色为 #090909 的"喷枪"画出散热孔侧壁的明暗与高光，绘制效
果如图 8-190 所示。

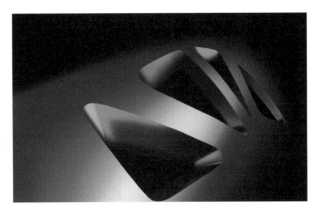

图 8-189　图层设置　　　　　　　图 8-190　散热孔侧壁光影绘制

（5）新建"高光"图层，选取颜色 #efefef，使用"喷枪"在边沿
画出高光或过渡色。同时新建"柔化"图层，使用"喷枪"将边沿进行
柔化，产生圆角效果，绘制效果如图 8-191 所示。

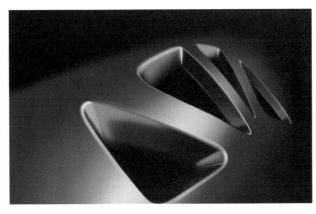

图 8-191　散热孔高光及柔化效果

（6）打开光盘 \ 素材 \ 第 8 章 \ 产品散热孔结构细节绘制文件夹，
找到金属拉丝质感素材图，如图 8-192 所示。将其粘贴到图像中，生成"金
属拉丝肌理"图层。执行"自由变换"命令，调整造型与位置使其适应
产品造型并擦除多余部分，绘制效果如图 8-193 所示。

图 8-192　金属拉丝素材　　　　　　图 8-193　金属拉丝贴图初步效果

（7）将"金属拉丝肌理"图层混合模式改为"覆盖"模式，参数设置如图 8-194 所示，并在滤镜中调整亮度，参数设置及绘制效果如图 8-195、图 8-196 所示。

图 8-194　拉斯图层设置

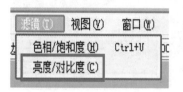

图 8-195　滤镜设置

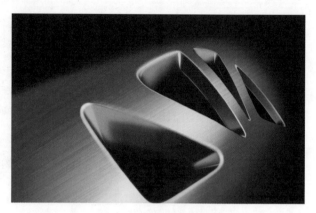

图 8-196　拉丝处理效果

（8）打开光盘\素材\第 8 章\产品散热孔结构细节绘制文件夹，找到磨砂质感素材图，如图 8-197 所示。使用步骤（6）、（7）相同的方法绘制散热孔的侧壁材质效果，如图 8-198 所示。

图 8-197　磨砂素材

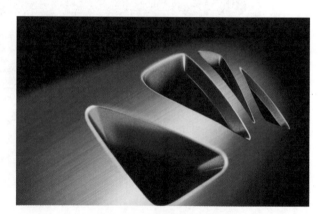

图 8-198　磨砂处理效果

（9）使用"模糊笔压"为 100 的"水彩笔"将"金属拉丝肌理"与"金属磨砂肌理"两图层的接触边缘模糊处理，使其变得柔和，产品散热孔结构细节最终绘制效果如图 8-199 所示。

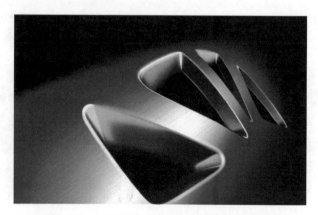

图 8-199　产品散热孔结构细节最终绘制效果

8.5　课堂总结

　　本章重点介绍在产品设计计算机快速表达过程中按键细节、屏幕细节、发光效果、特殊结构细节等内容的表达方法。这些细节恰到好处的表达可以让产品绘制效果更加出彩。但是事物都有主次，细节的表达是为了产品整体效果的完美，所以细节绘制要服从整体效果，这是细节绘制的关键。

8.6　课后习题

　　1. 在产品设计计算机快速表达中发光效果的实际绘制可以通过 Photoshop 多种方法实现不同发光效果，例如：滤镜中_____菜单命令；图层样式_____和_____选项等。

　　2. 绘制如图 8-200 所示的平面式按键。

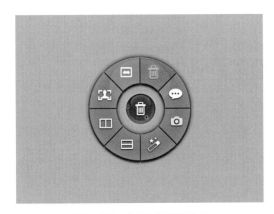

图 8-200　平面式按键效果

　　3. 绘制如图 8-201 所示的手电筒发光效果。

　　4. 绘制如图 8-202 所示的标志结构光影效果。

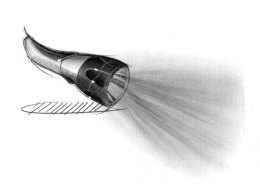 

图 8-201　手电筒发光效果　　　图 8-202　标志结构光影效果

第 *9* 章　产品案例实训

本章结合各类产品的外观特征和计算机快速表达的不同技巧，分别选用 Photoshop、SAI 两种软件对 9 个不同领域的产品进行绘制，进一步详解 Photoshop、SAI 在产品设计计算机快速表达中的强大应用能力和制作技巧。

9.1　绘制家用吸尘器

本实例主要学习使用 Photoshop 绘制一款家用吸尘器。在绘制时，首先将吸尘器的绘制分解为吸尘器主体部分、按钮和显示屏部分、散热孔和风管口部分、把手和车轮等几大部分，接下来按照产品轮廓绘制、质感表达、明暗立体调整的顺序依次对以上几个部分进行绘制，直至完成产品最终效果。该吸尘器的主要材质效果构成有磨砂塑料、强反光显示屏幕等，本例中将对这些材质的表达方法进行详细讲解，最终效果如图 9-1 所示。

图 9-1　家用吸尘器绘制效果

产品绘制流程和部件分解见表 9-1 所示。

表 9-1 吸尘器绘制流程及部件分解表

序号	名 称	绘 制 效 果	所用工具和要点说明
(1)	绘制吸尘器主体		①使用工具箱中的钢笔工具绘制出吸尘器的轮廓线。 ②使用路径的填充路径命令为产品上色。 ③使用滤镜中的添加杂色命令模拟磨砂塑料效果。 ④使用画笔和高斯模糊工具绘制吸尘器的明暗立体效果。
(2)	按钮和显示屏		①使用路径的填充路径命令为屏幕上色。 ②使用画笔和高斯模糊工具绘制按钮的明暗立体效果。
(3)	散热孔和风管口		①使用路径的填充路径命令为散热孔和风管口上色。 ②使用画笔和高斯模糊工具绘制明暗立体效果。
(4)	把手和车轮		①使用路径的填充路径命令为把手和车轮上色。 ②使用画笔和高斯模糊工具绘制明暗立体效果。
(5)	吸尘器的整体调整		①使用画笔和高斯模糊工具对吸尘器整体的明暗关系进行调整处理。 ②使用渐变工具绘制显示屏的高光效果。
(6)	绘制吸尘器细节		使用自由变形工具为吸尘器添加 Logo 和产品型号说明文字。

9.1.1　绘制吸尘器主体主体

（1）打开 Photoshop，执行"文件"——"新建"菜单命令，在弹出的"新建"对话框中，将其命名为"伊莱克斯吸尘器"，选择"国际标准纸张"，大小选择"A4"尺寸，如图 9-2 所示。

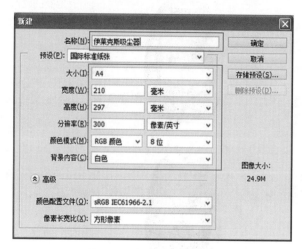

图 9-2　新建文件对话框

（2）新建图层，命名为"线稿"，设置"前景色"为黑色。使用工具箱中的 🖊.（钢笔工具）绘制出吸尘器的整体轮廓。选择 🖊（画笔工具），画笔"大小"为 1 像素，"硬度"为 100%。路径绘制完毕后，用鼠标右键单击绘制的路径，在弹出的下拉菜单中选择"描边路径"命令，绘制效果如图 9-3 所示。

（3）新建一个图层并将其命名为"主体上部"，同时将"前景色"设置为灰色，具体数值为 #1c1c1c。选择 "线稿"图层，使用 🪄（魔棒工具）选择绘制的主体上部分区域，然后选择"主体上部"图层，执行"前景色填充"命令使用"前景色"对该选区进行填充，填充效果如图 9-4 所示。

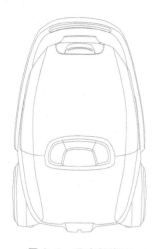

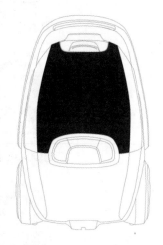

图 9-3　吸尘器线稿　　　　　　图 9-4　主体上部填充效果

（4）为了模拟吸尘器主体的磨砂材质的漫反射效果，选择"主体上部"图层，执行"滤镜"——"杂色"——"添加杂色"命令，具体数值设置及绘制效果如图 9-5、图 9-6 所示。

（5）使用步骤（3）、（4）中的相同方法，绘制图层"主体下部"。
该图层的颜色数值为 #141414。并且添加相同的杂色效果，绘制效果如
图 9-7 所示。

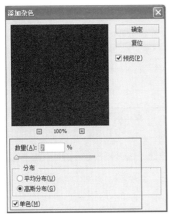

图 9-5　添加杂色相关设置

图 9-6　杂色效果

图 9-7　主体下部杂色效果

（6）绘制填充吸尘器主体其他部分，由于剩余部分不是磨砂材质，
因此不需要使用"添加杂色"命令。这一步需要注意的是，由于产品默
认光源是从左上方照射过来，如图 9-8 所示，故吸尘器产品左侧比右侧
亮，上部比下部亮，因此在上色时，要注意颜色的明度关系，绘制效果
如图 9-9 所示。

图 9-8　光影分析

图 9-9　主体基本明暗关系

（7）绘制吸尘器主体的亮部。新建图层"亮部 1"，将"前景色"
调为白色，使用工具箱中的 进行绘制，如图 9-10 所示，
并将该区域填充为白色。对该区域执行"滤镜"——"模糊"——"高
斯模糊"菜单命令，具体参数设置如图 9-11 所示，调整该图层"不透明度"
至 25%，绘制效果如图 9-12 所示。

（8）进行亮部绘制时，白色区域超出了吸尘器主体，需要将其超出
的区域进行删除。选择开始绘制的吸尘器路径并将其转换为选区，如图
9-13 所示。执行"选择"——"反向"菜单命令，然后选择图层"亮
部 1"，使用 Delete 键将选区内的多余亮部色彩删除。这样就只保留了
吸尘器主体内的白色区域。

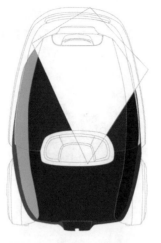

图 9-10　亮部 1 位置及形状　　　　　　　图 9-11　高斯模糊相关设置

图 9-12　主体亮部处理效果　　　　　　　图 9-13　删除多余亮部色彩

（9）绘制高光部分。新建"亮部 2"图层，选择工具箱中的 （画笔工具），将"前景色"设置为白色，如图 9-14 所示进行绘制。对"亮部 2"图层内容执行"滤镜"——"模糊"——"高斯模糊"菜单命令，具体参数设置如图 9-15 所示，调整该图层"不透明度"至 73%。吸尘器主体的亮部绘制效果如图 9-16 所示。

图 9-14　高光位置　　　　　图 9-15　高斯模糊相关设置　　　　　图 9-16　高光绘制效果

（10）绘制吸尘器主体的暗部。新建图层"阴影 1"，将"前景色"设置为黑色，使用工具箱中的 ✎（画笔工具）进行绘制，如图 9-17 所示。对该图层执行"滤镜"——"模糊"——"高斯模糊"菜单命令，模糊"半径"为 45 像素。将图层"不透明度"设置为 84%。此时该图层过渡柔和。使用步骤（8）中的相同方法将超出吸尘器区域的暗部删除，绘制效果如图 9-18 所示。

图 9-17　阴影 1 初步绘制效果　　图 9-18　阴影 1 最终绘制效果

（11）使用与步骤（10）相同的方法将左侧的阴影也进行绘制，至此吸尘器的主体部分绘制完毕。选择图层面板"创建新组"命令，将步骤（3）～（10）中绘制的各图层建立图层组，并命名为"主体"，具体设置及绘制效果如图 9-19、图 9-20 所示。

图 9-19　图层组"主体"　　图 9-20　主体绘制效果

9.1.2　绘制吸尘器的按钮和显示屏

（1）分别新建"凹陷"、"按钮主体"、"按钮内暗"、"按钮外亮"、"屏幕"图层。将按钮和屏幕的不同区域按照如图 9-21 所示进行填充，按键与产品整体效果如图 9-22 所示。

（2）按照如图 9-21 所示的分析结果绘制吸尘器按钮的明暗立体效果。新建"凹陷阴影"图层，将"前景色"设置为黑色，选择工具箱中

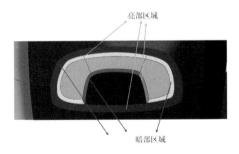

图 9-21　按键明暗分析

的 （画笔工具）进行绘制，如图 9-23 所示。

（3）对"凹陷阴影"图层执行"滤镜"——"模糊"——"高斯模糊"菜单命令。该图层变得过渡柔和。按照 9.1.1 小节中步骤（8）中的相同方法将超出按钮区域的暗部删除。按钮部分所有暗部区域绘制完毕，如图 9-24 所示。

图 9-22　按键基本填充效果

图 9-23　凹槽阴影位置

图 9-24　按键暗部绘制效果

（4）新建"其余阴影"图层，使用黑色 （画笔工具）进行按钮的暗部区域绘制，具体方法不再赘述，新建"凹陷反射"图层，绘制完成凹陷反射效果，按钮的立体感已经塑造完成，如图 9-25、图 9-26 所示。绘制完成后将步骤（1）~（4）中绘制的图层放在图层组"按钮"中。

图 9-25　按键亮部区域

图 9-26　按键立体感塑造完成

9.1.3　绘制吸尘器主体的散热孔和风管口

（1）绘制吸尘器的散热孔。使用工具箱中的 （椭圆工具）绘制两个圆形，如图 9-27 所示。在路径上单击鼠标右键，使用"填充路径"和"描边路径"命令进行填色绘制，绘制效果如图 9-28 所示。接下来绘制散热孔的明暗立体效果，如图 9-29 所示。将所有散热孔的图层进行合并，并且命名为"散热孔"。一个散热孔绘制完成，接下来进行复制即可。

图 9-27　基本型绘制

图 9-28　基本填充效果

图 9-29　按键光影绘制效果

（2）对"散热孔"图层进行复制并排列。这一排的散热孔排列完毕后，将第一排所有散热孔图层进行合并，图层命名为"散热孔第 1 排"，效果如图 9-30 所示。

（3）将"散热孔第 1 排"图层进行复制，将图层命名为"散热孔第 2 排"，对该图层执行"编辑"——"自由变换"菜单命令，将第二排散热孔进行有序排列，如图 9-31 所示。按照上面方法绘制出所有散热孔，要注意散热孔排列透视的准确性，最后将所有散热孔的图层合并，命名为"所有散热孔"，如图 9-32 所示。

图 9-30　散热孔第一排效果

图 9-31　散热孔 2 排列效果

图 9-32　全部散热孔排列效果

（4）新建"散热孔反射"图层，注意该图层位置要在散热孔图层的下面。将"前景色"调为灰色，数值为 #676767，使用工具箱中的 ✐（钢笔工具）绘制，并将该区域用"前景色"进行填充，填充效果如图 9-33 所示。对该图层执行"滤镜"——"模糊"——"高斯模糊"菜单命令，图层变得过渡柔和。删除超出吸尘器区域的暗部，吸尘器下部有了反光效，效果如图 9-34 所示。

图 9-33　散热孔反射初步效果

图 9-34　散热孔反射效果

（5）绘制风管口。分别新建"风管口主体"、"风管口2"、"风管口3"、"风管口4"图层，如图9-35～图9-37所示，先在线稿图层使用工具箱中的 🔍（魔棒工具）对风管口位置进行选取，然后回到风管口对应图层使用 🪣（油漆桶工具）对各区域进行填充。

图9-35　风管口位置

图9-36　风管口上部填充效果

图9-37　风管口整体填充效果

（6）绘制风管口部分的材质效果，由于该部分是磨砂塑料材质，因此具有漫反射的效果。选择该部分图层，执行"滤镜"——"杂色"——"添加杂色"菜单命令，具体设置及绘制效果如图9-38、图9-39所示。

图9-38　添加杂色相关设置

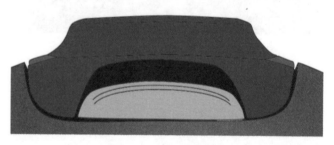

图9-39　添加杂色效果

（7）绘制风管口的明暗立体效果。新建"风管口暗部"图层，将"前景色"设置为黑色，选择 ✏️（画笔工具）进行绘制，如图9-40所示。对其执行"滤镜"——"模糊"——"高斯模糊"菜单命令。调整图层的"不透明度"，将超出风管口区域的暗部删除。将风管口所有部分暗部和亮部的立体效果绘制完成，效果如图9-41所示。最后将步骤（1）～（7）中绘制的图层放在"风管口"图层组中。

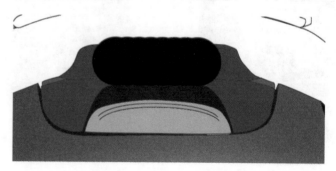

图9-40　风管口暗部绘制位置

图 9-41　风管口绘制效果

9.1.4　绘制吸尘器的把手和车轮

（1）绘制吸尘器的把手，分别新建"把手 1"、"把手 2"、"把手 3"
图层，使用 9.1.3 小节中步骤（5）相同的方法分别填充把手各部分颜色，
得到如图 9-42 所示的效果。

（2）绘制吸尘器把手的暗部。新建"把手暗部"图层，将"前景色"
设置为黑色，使用工具箱中的 ✐（画笔工具）按如图 9-43 所示进行绘制。
绘制完成后使用"高斯模糊"工具将暗部图层进行模糊处理，将超出把
手区域的暗部进行删除，绘制效果如图 9-44 所示。绘制完成后将这部
分绘制的图层放在"把手"图层组中。

图 9-42　把手基本绘制效果　　　　图 9-43　把手暗部位置　　　　图 9-44　把手暗部绘制效果

（3）绘制吸尘器的车轮，新建"车轮"图层，使用与 9.1.3 小节中
步骤（5）相同的方法选择车轮各部分的区域进行颜色填充，得到如图
9-45 所示的效果。

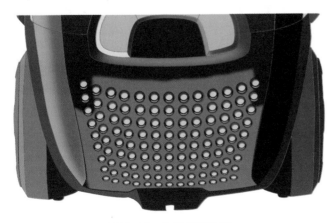

图 9-45　车轮填充效果

（4）车轮的明暗立体效果绘制，方法不再赘述，绘制效果如图9-46所示。车轮和把手最终效果如图9-47所示。绘制完成后将步骤（1）～（4）绘制的图层放在"车轮"图层组中。

图9-46 车轮明暗效果　　　　图9-47 车轮和把手最终绘制效果

9.1.5 吸尘器的整体调整

（1）由于是将吸尘器分解绘制的，因此产品在整体的明暗关系上缺乏统一性，需要将绘制完成后的各部分作为一个整体进行明暗关系的处理，从而增强产品的整体性。将案例中绘制的"阴影1"图层进行重新排序，放到所有图层上方，如图9-48所示。

（2）新建"右侧阴影"、"下侧阴影"图层，使用黑色 ✐（画笔工具）绘制吸尘器整体的暗部，如图9-49、图9-50所示，并进行"高斯模糊"处理，使暗部过渡变得均匀柔和，如图9-51、图9-52所示。

图9-48 图层排序

图9-49 右侧暗部位置　　　　图9-50 底部暗部位置

（3）暗部绘制完毕后，将多余超出产品部分的暗部进行删除，暗部最终绘制效果如图9-53所示。

（4）绘制吸尘器的投影。选择前面所有图层并复制，将复制所得图层合并为一个"投影"图层，将其填充为黑色，使用"自由变换"命令对投影进行垂直翻转和变形，绘制效果如图9-54、图9-55所示。

图 9-51　右侧暗部高斯模糊处理效果　　图 9-52　底部暗部高斯模糊处理效果　　图 9-53　暗部绘制最终效果

　　　　图 9-54　投影绘制　　　　　　　图 9-55　投影处理效果

　　（5）将"投影"图层置于吸尘器图层的下方，并进行"高斯模糊"
处理，最后将"投影"图层的"不透明度"调整至 66%，高斯模糊相
关参数设置及绘制效果如图 9-56、图 9-57 所示。

　　图 9-56　高斯模糊相关设置　　　　图 9-57　投影效果

　　（6）绘制吸尘器显示屏的高光反射部分，以塑造显示屏的强反射材
质特性。新建"屏幕反光"图层，使用工具箱中的 　（钢笔工具）绘
制如图 9-58 所示的路径。将路径转换为选区，如图 9-59 所示，使用
渐变工具对其进行填充。渐变色条设置如图 9-60 所示，填充效果如图

9-61 所示。删除多余部分并调整图层的"不透明度"至 89%，绘制效果如图 9-62、图 9-63 所示。

图 9-58　显示屏反光路径

图 9-59　显示屏选取

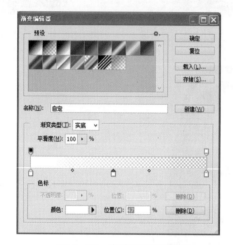

图 9-60　渐变相关设置

图 9-61　渐变填充效果

图 9-62　显示屏效果

图 9-63　显示屏与主体效果

9.1.6　绘制吸尘器 Logo 和产品型号说明文字等贴图

打开光盘 \ 素材 \ 第 9 章 \9.1 家用吸尘器绘制案例素材文件夹，将 Logo 和产品型号说明文字素材等执行"复制"、"粘贴"命令到吸尘器源文件中，使用"编辑"——"自由变换"菜单命令调整大小及位置，吸尘器最终绘制效果如图 9-64 所示。

图 9-64　吸尘器最终绘制效果

9.2　绘制耳麦

本实例主要使用 Photoshop 软件学习绘制耳麦。首先将耳麦的绘制分解为耳麦的耳壳、耳垫、支架、头带、麦克风、导线、文字以及背景等部分。该耳麦的绘制涵盖耳垫的磨砂塑料、皮革海绵材质、耳垫的打孔效果等知识点，本实例将对这些表现方法进行详细讲解，实例效果如图 9-65 所示。

图 9-65　耳麦绘制效果

产品绘制流程和部件分解见表 9-2 所示。

表 9-2　耳麦绘制流程及部件分解表

序号	名 称	绘 制 效 果	所用工具和要点说明
（1）	绘制耳壳部分		①使用工具箱中的钢笔工具绘制出耳麦的轮廓线。 ②使用路径的填充路径命令为产品上色。 ③使用画笔和高斯模糊工具绘制耳壳的明暗立体效果。
（2）	绘制耳垫部分		①使用路径的填充路径命令为耳垫上色。 ②使用滤镜中的添加杂色命令模拟磨砂皮革海绵效果。 ③使用画笔和高斯模糊工具绘制耳垫的明暗立体效果。
（3）	绘制支架、头带、麦克风、导线		①使用路径的填充路径命令为支架、头带、麦克风、导线上色。 ②使用画笔和高斯模糊工具绘制支架、头带、麦克风、导线明暗立体效果。
（4）	绘制文字、背景		①使用文字工具为耳麦添加文字。 ②使用复制和水平翻转工具为耳麦绘制背景。

9.2.1　绘制耳麦的耳壳部分

（1）打开 Photoshop，执行"文件"——"新建"菜单命令，在弹出的"新建"对话框中，将其命名为"耳麦"，选择"国际标准纸张"，大小选择"A4"尺寸，如图 9-66 所示。

（2）新建图层，命名为"线稿"，设置"前景色"为黑色，使用工具箱中的 ◇.（钢笔工具）绘制出耳麦的整体轮廓路径。选择 ✎.（画笔工具），设置画笔"大小"为 1 像素，"硬度"为 100%。用鼠标右键单击绘制的路径，在弹出的下拉菜单中选择"描边路径"命令。绘制效果如图 9-67 所示。

（3）新建一个图层并将其命名为"主体 1"，同时将"前景色"设

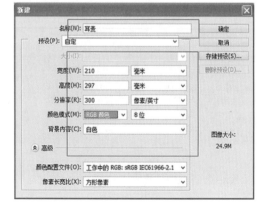

图 9-66　新建文件对话框

置为灰色，具体数值为 #151515，选择"线稿"图层，使用 🔍（魔棒工具）
选择图示区域，然后再选择"主体 1"图层，执行"前景色填充"命令，
填充效果如图 9-68 所示。

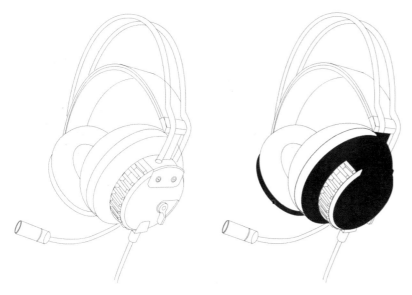

图 9-67　耳麦线稿　　　　　　　　图 9-68　填充效果

（4）新建"主体 2"图层，设置"前景色"数值为 #252525，使用 ✏️（画
笔工具）选择如图 9-69 所示的区域进行颜色填充。

（5）绘制耳机的暗部。新建"主体暗部 1"图层，将"前景色"设
置为黑色，使用 ✏️（画笔工具）绘制耳机罩，如图 9-70 所示。

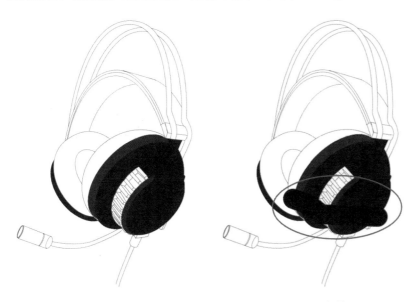

图 9-69　填充效果　　　　　　　　图 9-70　绘制位置

（6）对"主体暗部 1"图层执行"滤镜"——"模糊"——"高斯模糊"
菜单命令，将暗部图层进行模糊处理，并调整该图层的"不透明度"至
55%。"高斯模糊"具体数值设置及绘制效果如图 9-71、图 9-72 所示。

（7）新建图层"主体暗部 2"，使用步骤（6）相同的方法绘制另
外一部分的暗部区域，将图层"不透明度"调整为 36%，绘制效果如
图 9-73 所示。

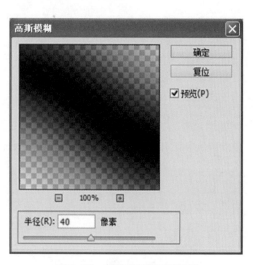

图 9-71　高斯模糊相关设置

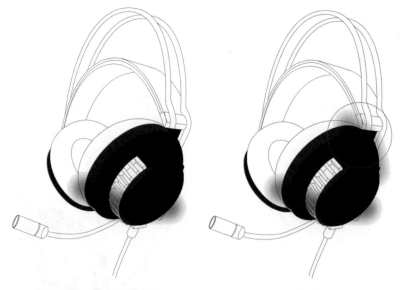

图 9-72　高斯模糊效果　　　　图 9-73　高斯模糊效果

（8）耳壳亮部绘制。新建"主体亮部"图层，选择 ✎（画笔工具），将"前景色"设置为白色，进行亮部位置绘制。然后对该图层执行"滤镜"——"模糊"——"高斯模糊"菜单命令，具体参数设置如图 9-74 所示，调整该图层"不透明度"至 55%，绘制效果如图 9-75 所示。

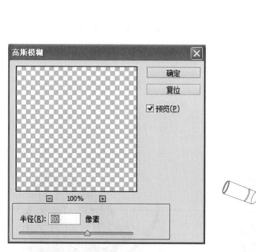

图 9-74　高斯模糊相关设置　　　　图 9-75　亮部绘制效果

（9）选择填充的区域路径并将其转换为选区，如图 9-76 所示。执行"选择"——"反向"菜单命令，选择暗部图层和亮部图层，配合使用 Delete 键将选区内的内容进行删除，这样就删除了超出耳机主体的黑色区域和白色区域，保留了耳机主体内的暗部和亮部区域，绘制效果如图 9-77 所示。

（10）使用 ✎（钢笔工具）绘制高光线路径，设置"描边"路径颜色为白色，线条粗细为 1 点并将其栅格化，生成"高光线"图层，如图 9-78 所示。

（11）选择"高光线"图层，调节图层的"不透明度"为 71%，然后为其增加图层蒙版，使用如图 9-79 所示的笔刷进行绘制，将多余的高光线部分遮盖掉，绘制效果如图 9–79 所示。

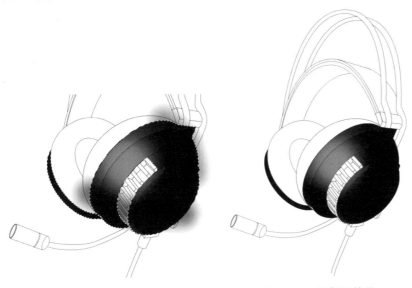

图 9–76　选取位置　　　　　　图 9–77　绘制后效果

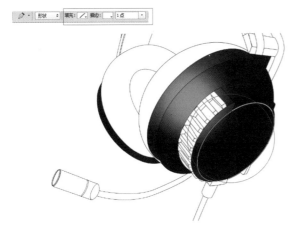

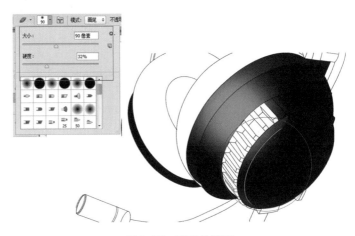

图 9–78　高光线绘制　　　　　　　　　　　图 9–79　高光线处理

（12）绘制耳机主体其余部分的高光线，方法不再赘述，效果如图 9–80 所示。这部分的立体明暗效果塑造完毕。

（13）最后绘制耳壳的细节部分。分别新建"蓝色 1"、"蓝色 2"、"蓝色 3"、"蓝色 4"图层，并对各部分进行颜色填充，具体色值如图 9–81 所示。

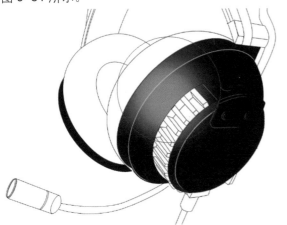

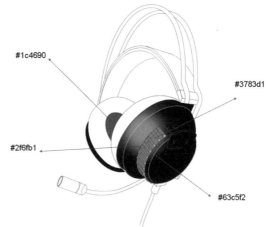

图 9–80　其余部分高光线绘制　　　　　　图 9–81　耳壳细节填充效果

9.2.2　绘制耳机的耳垫部分

（1）绘制左边耳机的暗部。新建"蓝色3暗部"图层，将"前景色"设置为黑色，使用 ✎（画笔工具）进行绘制，如图9-82所示。对"蓝色3暗部"图层执行"滤镜"——"模糊"——"高斯模糊"命令，使用"高斯模糊"工具将暗部图层进行模糊处理，并调整该图层的"不透明度"至32%，"高斯模糊"相关参数设置及绘制效果如图9-83、图9-84所示。

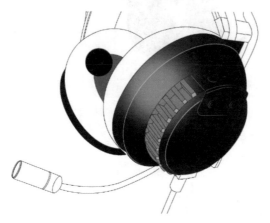

图9-82　左边耳机暗部位置

图9-83　高斯模糊相关设置

（2）分别新建"左耳垫"、"右耳垫"图层，绘制耳垫的主体，如图9-85所示，使用黑色对耳垫区域进行填充。

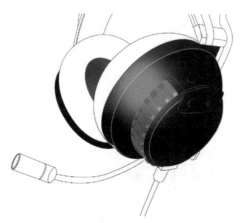

图9-84　左边耳机暗部处理效果

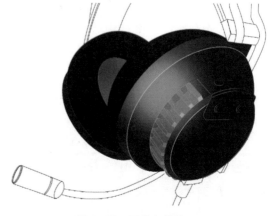

图9-85　耳垫主体效果

（3）为了模拟耳垫的皮革材质，选择"左耳垫"、"右耳垫"图层，执行"滤镜"——"杂色"——"添加杂色"菜单命令，调整"数量"为"40%"，"分布方式"为"高斯分布"，并勾选"单色"选项，执行"添加杂色"命令后的效果如图9-86所示。

（4）新建"右耳垫暗部"图层，绘制耳垫的暗部，将"前景色"设置为黑色，使用 ✎（画笔工具）按如图9-87所示绘制。

（5）对"右耳垫暗部"图层执行"高斯模糊"命令，将多余超出耳垫部分的内容删掉，效果如图9-88、图9-89所示。

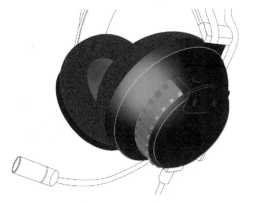

图 9-86　杂色处理效果

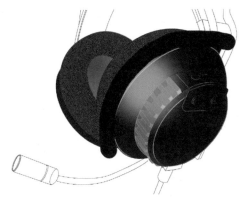

图 9-87　耳垫暗部位置

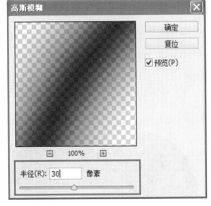

图 9-88　高斯模糊相关设置

图 9-89　耳垫暗部处理效果

（6）新建"右耳垫亮部"图层绘制耳垫的亮部，将"前景色"设置为白色，使用 ✎（画笔工具）按如图 9-90 所示绘制。对该图层执行"高斯模糊"命令，然后将超出耳垫部分的多余内容删掉，如图 9-91 所示，调整图层的"不透明度"至 41%，效果如图 9-92 所示。

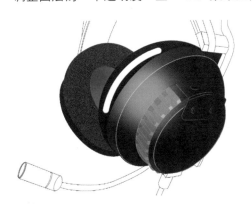

图 9-90　耳垫亮部位置

图 9-91　高斯模糊绘制效果

图 9-92　耳垫亮部最终绘制效果

（7）新建"右耳垫褶皱"图层，绘制耳垫的褶皱效果，设置"前景色"为白色，使用画笔工具进行绘制并执行"高斯模糊"工具，适当调整图层的"不透明度"，最终效果如图 9-93 所示。

（8）对"右耳垫褶皱"图层进行复制并排列，注意排列要沿着耳垫的轮廓走势进行，将所有褶皱图层合并，命名为"右耳垫褶皱"，最后效果如图 9-94 所示。

（9）新建"左耳垫暗部"图层，绘制左边耳垫的暗部，将"前景色"设置为黑色，使用画笔工具按如图9-95所示绘制，执行"高斯模糊"命令，将超出耳垫部分的多余内容删掉，适当调整图层的"不透明度"。

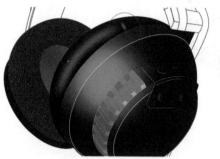

图 9-93　褶皱绘制效果

图 9-94　褶皱排列效果

图 9-95　左边耳垫暗部位置

（10）新建"左耳垫亮部"图层，绘制左边耳垫的亮部，将"前景色"设置为白色，使用 ✎.（画笔工具）按如图9-96所示绘制。对该图层执行"高斯模糊"命令，将超出耳垫部分的多余内容删掉，适当调整图层的"不透明度"，效果如图9-97所示。

图 9-96　左边耳垫亮部位置

图 9-97　左边耳垫亮部处理效果

（11）新建"孔"图层，绘制耳垫上的打孔效果，设置"前景色"为黑色，使用 ◯.（椭圆工具），在按住键盘 Shift 键同时绘制圆形，并生成"孔"形状图层。对该图层使用图层样式，选择"内阴影"样式，具体参数设置及绘制效果如图9-98、图9-99所示。

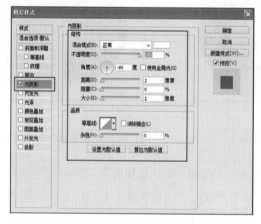

图 9-98　内阴影相关设置

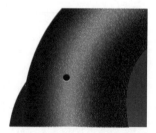

图 9-99　打孔效果绘制

（12）对"孔"图层进行复制并排列，注意排列要沿着耳垫的轮廓走势进行，将所有孔图层合并，命名为"孔"，最后效果如图9-100所示。

（13）最后绘制耳机的开关、螺丝钉等细节，如图 9-101 所示，具体方法不再赘述。

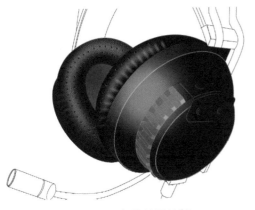

图 9-100　打孔效果绘制　　　　　　图 9-101　开关、螺丝钉等细节绘制

9.2.3　绘制支架、头带、麦克风、导线等

（1）新建"金属支架"图层，绘制支架部分，如图 9-102 所示，使用黑色对该区域进行填充。

（2）新建"金属支架亮部"图层，绘制支架部分的亮部区域，塑造支架的明暗立体效果，如图 9-103 所示。

（3）绘制耳机的头带部分。新建图层并分别对各部进行填充，具体色值如图 9-104 所示。

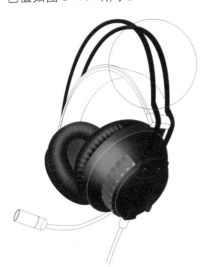

图 9-102　支架部分　　　　　图 9-103　支架亮部区域绘制　　　　　图 9-104　头带填充效果

（4）新建"头带亮部"、"头带塑料高光"图层，使用与 9.2.1 小节中步骤（10）、（11）、（12）相同方法绘制头带部分的亮部区域、高光线、滑槽塑料的亮部和高光线，塑造该部分的明暗立体效果，如图 9-105、图 9-106 所示。

（5）为了模拟头带部分的漫反射效果，选择头带部分图层，执行"滤镜"——"杂色"——"添加杂色"菜单命令，调整"数量"为 10%，"分布方式"为高斯分布，并勾选"单色"选项。并对该部分添加阴影效果，绘制效果如图 9-107 所示。

图 9-105 头带亮部及高光效果

图 9-106 滑槽塑料明暗绘制效果

图 9-107 头带漫反射效果

（6）新建"麦克风"、"导线"图层，使用 ✎ （画笔工具）和 ⚬ （油漆桶工具）绘制耳麦的导线和麦克风部分，如图 9-108 所示。

（7）新建"麦克风孔"图层，绘制麦克风的打孔效果，绘制方法可以参照 9.2.2 小节步骤（11）的操作，绘制效果如图 9-109 所示。

图 9-108 绘制导线和麦克风

图 9-109 麦克风打孔效果

9.2.4 绘制文字以及背景

（1）设置"前景色"为 #bd7807，使用 Ⓣ （横排文字工具）输入文字"Powerful"，效果如图 9-110 所示。

（2）选择文字图层并将其栅格化。执行"编辑"——"变换"——"斜切"命令，调节文字图层的透视性，效果如图 9-111 所示。

图 9-110 文字内容

图 9-111 文字调整效果

（3）耳麦绘制完成的效果如图 9-112 所示。

（4）将绘制完成的所有图层选中复制一份并合并图层，生成"合并副本"图层。选择"合并副本"图层，执行"编辑"——"变换"——"水平翻转"菜单命令，使用"自由变换"命令调整大小，如图 9-113 所示。

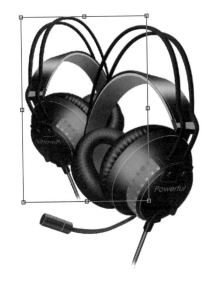

图 9-112 耳麦整体绘制效果　　　图 9-113 背景初步处理效果

（5）选择"合并副本"图层，执行"图像"——"调整"——"色相 / 饱和度"菜单命令，具体设置如图 9-114 所示，对该图层执行"高斯模糊"操作，具体参数设置及耳麦最终绘制效果如图 9-115、图 9-116 所示。

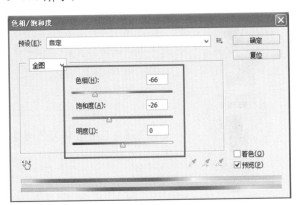

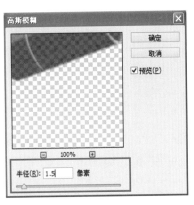

图 9-114 色相 / 饱和度相关设置　　　图 9-115 高斯模糊相关设置

图 9-116 耳麦最终绘制效果

145

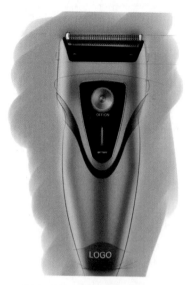

图 9-117　剃须刀绘制效果

9.3　绘制剃须刀

本实例主要学习使用 Photoshop 软件绘制电动剃须刀。在绘制时，首先将电动剃须刀绘制分解为轮廓线、剃须刀主体、剃须刀主体的立体明暗、剃须刀按钮、剃须刀刀头、剃须刀高光和 LOGO 等几部分。该剃须刀的绘制涵盖磨砂塑料材质、刀头金属材质、刀头网面的打孔效果、把手的打孔效果以及按钮绘制等知识点，实例效果如图 9-117 所示。

产品绘制流程和部件分解见表 9-3 所示。

表 9-3　电动剃须刀绘制流程及部件分解表

序号	名　称	绘　制　效　果	所用工具和要点说明
(1)	绘制剃须刀轮廓线		使用工具箱中的画笔工具绘制剃须刀的轮廓线。
(2)	绘制剃须刀主体色		①使用工具箱中的画笔工具为剃须刀上色。 ②使用滤镜中的添加杂色命令模拟磨砂塑料效果。
(3)	绘制剃须刀主体的立体明暗效果		分别使用白色画笔和黑色画笔绘制剃须刀的明暗立体效果。
(4)	绘制剃须刀按钮		①使用图层样式工具绘制剃须刀的按钮。 ②使用文字工具绘制文字显示。
(5)	绘制剃须刀刀头		①使用画笔工具绘制剃须刀的金属刀头部分。 ②使用图层样式工具绘制刀网孔的效果。
(6)	绘制剃须刀高光和 LOGO 等细节		①使用白色画笔绘制剃须刀的高光部分。 ②使用文字工具和自由变形工具为剃须刀添加 LOGO。

9.3.1　绘制剃须刀的基本轮廓

（1）打开 Photoshop，执行"文件"——"新建"菜单命令，在弹出的"新建"对话框中，将其命名为"电动剃须刀"，宽度和长度设置如图 9-118 所示。

（2）新建"线稿"图层，使用工具箱中的 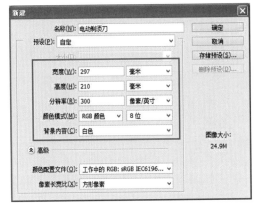（画笔工具），利用压感笔选择合适笔刷在画面中进行剃须刀线稿绘制，效果如图 9-119 所示。

（3）使用工具箱中的 （橡皮擦工具），将多余线条和辅助线擦除，线稿绘制完毕，如图 9-120 所示。

图 9-118　新建文件对话框

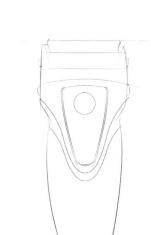

图 9-119　线稿绘制效果　　　　图 9-120　线稿整理效果

9.3.2　绘制剃须刀主体色

（1）新建一个图层并将其命名为"主体色"，将该图层置于线稿图层下面，将"前景色"设置为灰色，具体数值为 #afaaaa，选用如图 9-121 所示的 （画笔工具）进行绘制，得到如图 9-122 所示的效果。

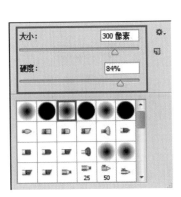

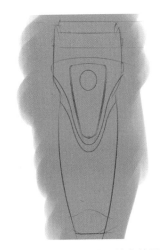

图 9-121　画笔设置　　　　图 9-122　底色铺设基本效果

（2）新建"底部"图层，将"前景色"数值设置为 #606060，使用 （画笔工具）进行底部填充绘制，如图 9-123、图 9-124 所示。

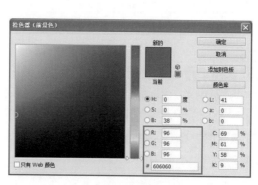
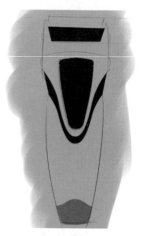

图 9-123　前景色设置　　　　　图 9-124　底部填充效果

（3）新建"主体黑色"图层，将"前景色"设置数值为 #080808，使用 ✐（画笔工具）进行剃须刀其余部分绘制，如图 9-125、图 9-126 所示。

图 9-125　前景色设置　　　　　图 9-126　其他部分填充绘制

（4）为了模拟剃须刀主体磨砂材质的漫反射效果，选择"主体色"图层，执行"滤镜"——"杂色"——"添加杂色"菜单命令，具体参数设置及绘制效果如图 9-127、图 9-128 所示。

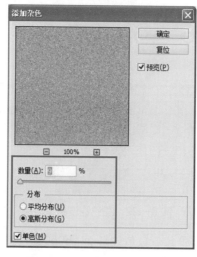
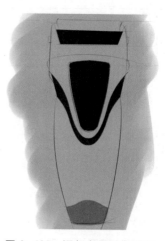

图 9-127　添加杂色相关设置　　　图 9-128　添加杂色绘制效果

9.3.3 绘制剃须刀主体的立体明暗效果

（1）分别新建"右侧暗部"、"左侧暗部"、"上侧暗部"、"中间暗部"图层，使用深灰色 ![画笔]（画笔工具），颜色数值为 #4f4e4e，适当降低画笔的"不透明度"，沿剃须刀轮廓绘制剃须刀的暗部区域。剃须刀暗部区域绘制位置及方向如图 9-129～图 9-132 所示。

 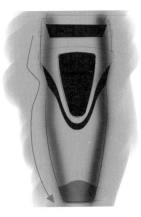 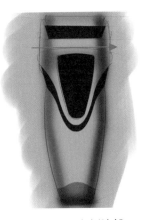 

图 9-129　右侧暗部　　　　图 9-130　左侧暗部　　　　图 9-131　上侧暗部　　　　图 9-132　中间暗部

（2）新建"左侧亮部"、"右侧亮部"图层，使用白色 ![画笔]（画笔工具）沿剃须刀轮廓绘制剃须刀的亮部区域，适当降低画笔的"不透明度"，如图 9-133、图 9-134 所示。剃须刀主体部分塑造完毕。选择图层面板"创建新组"命令，为绘制的各图层建立图层组并命名为"主体"。

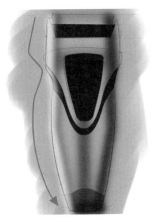 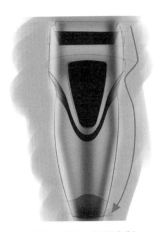

图 9-133　左侧亮部　　　　　图 9-134　右侧亮部

9.3.4 绘制剃须刀按钮

（1）使用工具箱中的 ![椭圆]（椭圆工具），在按住 Shift 键的同时拖动鼠标绘制中间按钮，生成"凹陷"形状图层，并且设置"填充"为黑色，如图 9-135 所示。

（2）选中"凹陷"形状图层，为图层添加图层样式，选择"斜面和浮雕"选项，"斜面和浮雕"具体设置及绘制效果如图 9-136、图 9-137 所示。

（3）设置"前景色"为黑色，使用 ![椭圆]（椭圆工具），在按住 Shift 键的同时拖动鼠标绘制如图 9-138 所示的圆形。生成"光圈"形状图

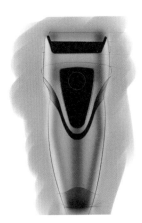

图 9-135　按键位置及形状

149

层，对该形状图层使用图层样式，选择"外发光"样式，渐变色标颜色分别为 #32d8ff（0%）和 #006cea（100%），具体设置及绘制效果如图 9-139～图 9-141 所示。

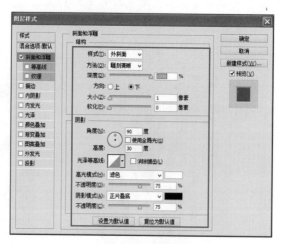

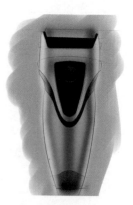

图 9-136　斜面和浮雕相关设置　　　　图 9-137　绘制效果

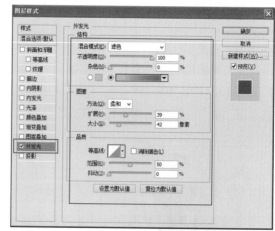

图 9-138　按键绘制　　　　图 9-139　外发光相关设置

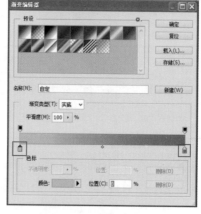

图 9-140　渐变色标数值　　　　图 9-141　按键外发光效果

（4）设置"前景色"为白色，使用 （椭圆工具），在按住 Shift 键的同时拖动鼠标绘制如图 9-142 所示的圆形。生成"按钮 1"形状图层，对该图层使用图层样式，选择"渐变叠加"样式，具体设置如图 9-143 所示。渐变色标从左至右依次为 #ffffff（0%）、#000000（24%）、

#ffffff（57%）、#000000（79%）、#ffffff（100%），如图 9-144 所示。
图层样式添加效果如图 9-145 所示。

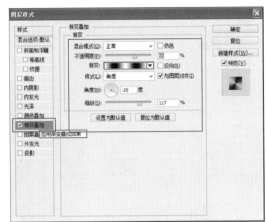

图 9-142　按键中间部分绘制　　　图 9-143　渐变叠加相关设置

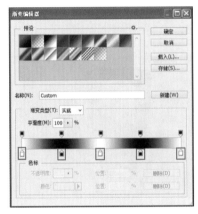

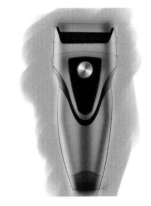

图 9-144　渐变色标具体位置　　　图 9-145　渐变叠加添加效果

　　（5）使用步骤（4）相同的方法绘制如图 9-146 所示的圆形。生成"按钮 2"形状图层，使用图层样式，选择"斜面和浮雕"和"内阴影"样式，"斜面和浮雕"、"内阴影"具体设置及绘制效果如图 9-147～图 9-149 所示。

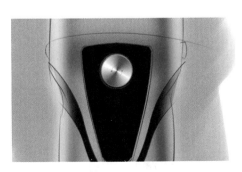

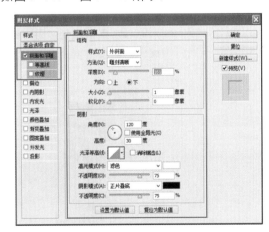

图 9-146　中心圆绘制　　　　　　图 9-147　斜面和浮雕相关设置

　　（6）使用图层样式方法绘制如图 9-150 所示的显示灯。
　　（7）使用工具箱中的 **T.**（横排文字工具）输入文字"OFF/ON"等，效果如图 9-151 所示。至此剃须刀的按钮和指示灯部分绘制完毕。选择图层面板"创建新组"命令，将步骤（1）～（7）中绘制的各图层建立图层组，并命名为"按钮和指示灯"。

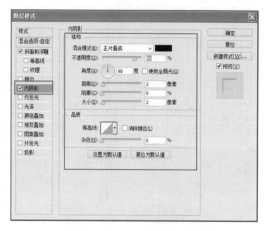

图 9-148　内阴影相关设置

图 9-149　图层样式添加效果

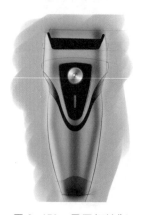

图 9-150　显示灯绘制

图 9-151　文字处理效果

9.3.5　绘制剃须刀刀头部分

（1）新建"刀头白色"图层，使用白色 ✎（画笔工具），设置画笔"硬度"为 100%，绘制如图 9-152 所示的刀头部分区域。

（2）新建图层"刀片暗部"，使用黑色 ✎（画笔工具），将画笔"硬度"适当降低，绘制如图 9-153 所示的刀头部分区域。

图 9-152　刀头部分区域

图 9-153　黑色画笔绘制效果

（3）使用工具箱中的 ▱（矩形选框工具），框选出如图 9-154 所示的区域。使用 Delete 键删除所选区域，效果如图 9-155 所示。

图 9-154 框选区域

图 9-155 删除后效果

（4）新建图层"刀片灰色"，使用工具箱中的 ✎（画笔工具），将画笔颜色设置为 #949494。适当降低画笔的"不透明度"和"流量"，绘制如图 9-156 所示的区域。

（5）使用工具箱中的 ◯.（椭圆工具），在按住 Shift 键的同时拖动绘制打孔效果，绘制如图 9-157 所示的圆形，生成"孔"形状图层并填充黑色。对该图层使用图层样式，选择"投影"样式，参数设置及绘制效果如图 9-158、图 9-159 所示。

图 9-156 刀头上部位置绘制效果

图 9-157 打孔初步效果

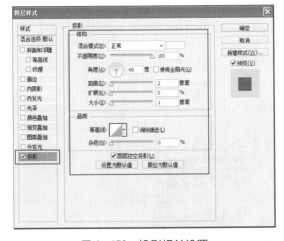

图 9-158 投影相关设置

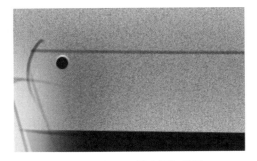

图 9-159 图层样式添加效果

（6）对以上"孔"图层进行复制并进行排列，将所有孔的图层合并，效果如图 9-160 所示。

（7）使用工具箱中的 ◯.（椭圆工具），在按住 Shift 键的同时拖动鼠标绘制刀头固定结构效果，绘制如图 9-161 所示的圆形，生成"刀头固定结构"图层。对该图层添加图层样式，选择"斜面和浮雕"选项，具体参数设置如图 9-162 所示。对该图层执行图层样式后复制该图层，生成"刀头固定结构 副本"图层，调整图层位置并对称放置，效果如图 9–163 所示。

图 9–160　刀头打孔效果

图 9–161　刀头固定结构位置

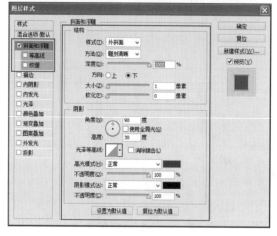

图 9–162　斜面和浮雕相关设置

图 9–163　刀头固定结构绘制效果

9.3.6　绘制剃须刀高光和 LOGO 等细节

（1）新建"高光线"图层，选择直径较小的 ✏.（画笔工具），将颜色设置为白色，画笔"硬度"设置为 100%，绘制剃须刀的亮部高光区域，如图 9–164 所示。

图 9–164　剃须刀亮部绘制

（2）设置"前景色"为白色，使用 T.（横排文字工具）输入文字"LOGO"。选择文字图层并将其栅格化。执行"编辑"——"变换"——"变形"

菜单命令，调节文字图层的透视性，效果如图 9-165 所示。

（3）剃须刀最终效果如图 9-166 所示。

图 9-165 标志绘制

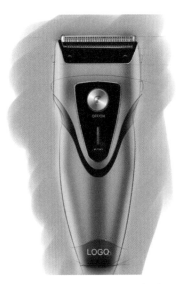

图 9-166 剃须刀最终绘制效果

9.4 绘制电钻

本实例主要学习使用 Photoshop 软件绘制电钻。在绘制时，首先将电钻的绘制分解为电钻的机头、电钻的机身、电钻的把手、电池仓、按钮和按键、文字以及背景等部分。该电钻的绘制涵盖电钻机头金属材质、把手的磨砂塑料材质、把手的打孔效果、按钮等知识点，实例效果如图 9-167 所示。

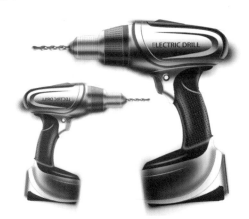

图 9-167 电钻绘制效果

产品绘制流程和部件分解见表 9-4 所示。

表 9-4 电钻绘制流程和部件分解表

序号	名 称	绘 制 效 果	所用工具和要点说明
（1）	绘制电钻轮廓线和机头		①使用工具箱中的画笔工具绘制电钻的轮廓线。②使用工具箱中的画笔工具绘制电钻的机头部分。

序号	名　称	绘 制 效 果	所用工具和要点说明
(2)	绘制电钻机身		使用工具箱中的画笔工具绘制电钻的机身部分。
(3)	绘制电钻把手		使用工具箱中的画笔工具绘制电钻的把手部分。
(4)	绘制电钻电池仓		使用工具箱中的画笔工具绘制电钻电池仓的绘制。
(5)	绘制电钻按钮和按键		使用画笔工具、图层样式工具绘制电钻的按钮和按键。
(6)	绘制电钻文字以及背景		①使用文字工具为电钻添加文字。②使用复制和水平翻转工具为电钻绘制背景。

9.4.1　起线稿并绘制电钻机头

（1）打开 Photoshop，执行"文件"——"新建"菜单命令，在弹出的"新建"对话框中，将其命名为"电钻"，宽度和长度设置如图9-168 所示。

（2）新建"线稿"图层，使用 ✎（画笔工具），利用压感笔选择合适笔刷在画面中进行电钻线稿的绘制，绘制完毕后如图9-169 所示。

（3）新建"机头主色"图层，分别使用灰色和红色 ✎（画笔工具），具体数值设置为 #afafaf 和 #ff0000，绘制电钻钻头的主体色，如图 9-170 所示。

（4）设置"前景色"为黑色，使用 ◯（椭圆工具），在按住 Shift 键的同时拖动鼠标绘制如图 9-171 所示的圆形并生成"孔"形状图层。对"孔"形状图层，使用图层样式，选择"内阴影"选项，具体设置如图 9-172 所示。

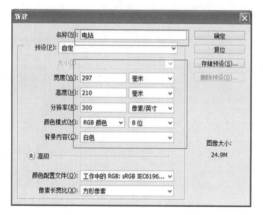

图 9-168　新建文件对话框

图 9-169　电钻线稿绘制

图 9-170　电钻钻头主体色

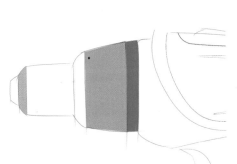

图 9-171　"孔"效果

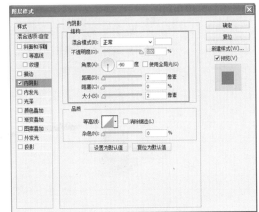

图 9-172　内阴影相关设置

（5）对"孔"图层进行复制，并进行有序排列，钻头的孔绘制效果如图 9-173 所示。

（6）新建"机头暗"图层，使用灰色 ，具体数值设置为 #3d3b3b，将画笔"硬度"适当降低，调整画笔的"不透明度"和"流量"。使用 沿电钻轮廓进行电钻钻头的暗部区域绘制，如图 9-174 所示。

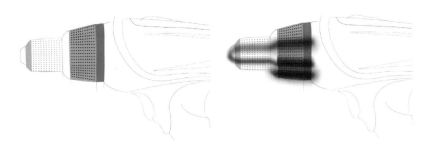

图 9-173　钻头孔绘制效果　　　　图 9-174　钻头暗部绘制

（7）新建"机头亮"图层，使用白色 ，将画笔"硬度"适当降低，调整画笔的"不透明度"和"流量"，绘制电钻钻头的亮部区域，如图 9-175 所示。

（8）新建"机头高光"图层，使用直径较小的白色 ，将画笔"硬度"设置为 100%，绘制电钻钻头的亮部高光区域，如图 9-176 所示。至此电钻机头部分绘制完毕。选择图层面板"创建新组"命令，将步骤（3）～（8）中绘制的各图层建立图层组，并命名为"机头"。

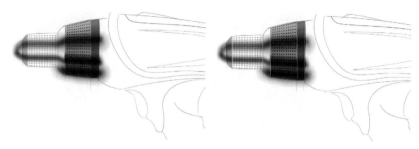

图 9-175 钻头亮部区域绘制　　　　图 9-176 钻头绘制效果

9.4.2 绘制电钻机身

（1）新建"机身主色"图层，分别使用黑和红色（#cf0101）✏️（画笔工具）绘制电钻机身的颜色，如图 9-177 所示。

（2）新建"机身暗部"图层，使用黑色✏️（画笔工具），将画笔"硬度"适当降低，调整"不透明度"和"流量"，沿电钻轮廓进行电钻机身的暗部区域绘制，绘制效果如图 9-178 所示。

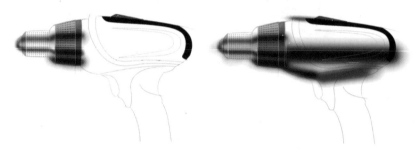

图 9-177 机身绘制 1　　　　图 9-178 机身绘制 2

（3）新建"机身曲线"图层，使用黑色✏️（画笔工具），绘制机身的曲线造型，绘制效果如图 9-179 所示。

（4）新建"曲线高光"图层，使用白色✏️（画笔工具），将画笔"硬度"设置为 100%，绘制机身曲线造型的高光线，以塑造该曲线造型的明暗立体效果，绘制效果如图 9-180 所示。

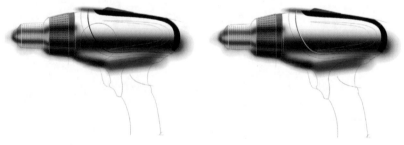

图 9-179 机身绘制 3　　　　图 9-180 机身绘制 4

（5）新建"曲线阴影"图层，使用灰色✏️（画笔工具），具体数值为 #606060，将画笔"硬度"适当降低，绘制机身曲线的阴影，该曲线造型的明暗立体效果塑造完毕，绘制效果如图 9-181 所示。

（6）新建"机身亮部"图层，使用白色✏️（画笔工具），将画笔"硬度"适当降低，绘制电钻机身的亮部，同样注意用笔要沿电钻的外轮廓走势进行，如图 9-182 所示。

图 9-181　机身绘制 5　　　　图 9-182　机身量亮部绘制效果

（7）新建"凹陷暗部"图层，绘制机身上的凹陷造型。使用黑色（画笔工具）绘制电钻机身的凹陷区域，如图 9-183 所示。

（8）新建"凹陷亮部"图层，使用白色（画笔工具），将画笔"硬度"适当降低，绘制凹陷造型的亮部，如图 9-184 所示。至此，电钻机身绘制完毕。选择图层面板"创建新组"命令，将步骤（1）～（8）中绘制的各图层建立图层组并命名为"机身"。

图 9-183　机身凹陷部分绘制　　　图 9-184　机身绘制效果

9.4.3　绘制电钻把手

（1）新建"把手主色"图层，设置"前景色"为 #1a1a1a，使用硬度为 100% 的（画笔工具）绘制电钻的把手部分，如图 9-185 所示。模拟剃须刀主体把手的磨砂材质漫反射效果，对该图层执行"滤镜"——"杂色"——"添加杂色"菜单命令，具体参数设置及绘制效果如图 9-186、图 9-187 所示。

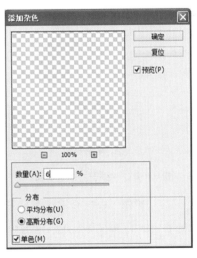

图 9-185　把手绘制初步效果　　　图 9-186　添加杂色相关设置　　　图 9-187　杂色效果

（2）新建"把手暗部"图层，使用黑色 ✏（画笔工具），将画笔"硬度"适当降低，沿把手轮廓绘制电钻把手的暗部区域，如图9-188所示。

（3）新建"把手亮部"图层，使用白色 ✏（画笔工具），将画笔"硬度"适当降低，降低画笔的"不透明度"和"流量"，绘制电钻把手的亮部，注意用笔要沿把手的外轮廓走势进行，如图9-189所示。

（4）新建"把手孔"图层，绘制电钻把手的打孔效果，具体方法参照电钻机头的打孔效果的绘制，注意孔的排列要沿把手造型的走势进行，绘制效果如图9-190所示。选择图层面板"创建新组"命令，将步骤（1）～（4）中绘制的各图层建立图层组并命名为"把手"。

图9-188　把手暗部区域

图9-189　把手亮部绘制

图9-190　把手打孔效果

9.4.4　绘制电钻的电池仓

（1）新建"电池仓"图层，分别用黑色和红色（#cf0101）✏（画笔工具），绘制电钻电池仓，绘制效果如图9-191所示。

（2）新建"电池仓暗部"图层，使用黑色 ✏（画笔工具），将画笔"硬度"适当降低，沿电钻电池仓的造型走势塑造电池仓的明暗立体效果，如图9-192、图9-193所示。

图9-191　电池仓绘制效果

图9-192　电池仓明暗绘制1

（3）新建"电池仓亮部"图层，使用白色 ✏（画笔工具），绘制电钻电池仓的亮部和高光线，电池仓的明暗立体效果造型就塑造完成了，如图9-194所示。选择图层面板"创建新组"命令，将步骤（1）～（3）中绘制的各图层建立图层组并命名为"电池仓"。

图 9-193　电池仓明暗绘制 2　　　　　图 9-194　电池仓绘制效果

9.4.5　绘制电钻按钮和按键

（1）新建"按键主色"图层，设置"前景色"为 #d30000，使用硬度为 100% 的 ✐.（画笔工具）绘制电钻的按键，如图 9-195 所示。

（2）新建"按键暗部"图层，使用黑色 ✐.（画笔工具），将画笔"硬度"适当降低，调整"不透明度"，绘制电钻按键的阴影区域，如图 9-196 所示。

（3）新建"按键亮部"图层，使用直径较小的白色 ✐.（画笔工具），设置画笔"硬度"为 100%，绘制电钻按键的亮部高光线，如图 9-197 所示。

图 9-195　电钻按键绘制　　　　图 9-196　按键阴影绘制　　　　图 9-197　按键高光线绘制

（4）使用 9.4.2 小节中步骤（7）相同的方法，绘制电钻按钮的凹陷造型，如图 9-198、图 9-199 所示。至此电钻的按键和按钮绘制完毕。选择图层面板中"创建新组"命令，将步骤（1）～（4）绘制的各图层建立图层组并命名为"按键和按钮"。

图 9-198　按键凹槽造型绘制（1）　　图 9-199　按键凹槽造型绘制（2）

9.4.6　绘制电钻的文字以及背景

（1）使用 T.（横排文字工具）输入文字 "ELECTRIC DRILL"，效果如图9-200所示。

（2）打开光盘 \ 素材 \ 第9章 \9.4 电钻绘制案例素材文件夹中的钻头图片，执行"复制"、"粘贴"命令，将素材复制到源文件中，使用"自由变换"命令调整钻头到合适大小，置于电钻机头位置，效果如图9-201所示。

（3）将绘制完毕的所有图层选中复制，合并图层，生成"合并"图层。选择"合并"图层，执行"编辑"——"变换"——"水平翻转"命令，执行"自由变换"命令调整大小，如图9-202所示。

图 9-200　文字处理效果

图 9-201　钻头处理效果

图 9-202　背景处理效果

（4）选择"合并"图层，调整"色相/饱和度"，使用"滤镜"——"模糊"——"高斯模糊"菜单命令进行模糊处理，调节其"不透明度"为89%，执行"自由变换"命令调整大小，使得整体构图合理，各项具体设置参数如图9-203、图9-204所示，电钻最终效果如图9-205所示。

图 9-203　色相／饱和度相关设置

图 9-204　高斯模糊相关设置

图 9-205　电钻最终绘制效果

9.5　绘制运动鞋

本实例主要学习使用 Photoshop 软件绘制鞋子。在绘制时，首先将鞋子的绘制分解为鞋子线稿扫描、鞋子主体、鞋子强反光材质区域、鞋子鞋舌及 LOGO 等部分。该鞋子的绘制涵盖处理扫描线稿、强反光材质表现等知识点，实例效果如图9-206所示。

图 9-206　运动鞋绘制效果

产品绘制流程和部件分解见表 9-5 所示。

表 9-5　运动鞋绘制流程及部件分解表

序号	名　称	绘　制　效　果	所用工具和要点说明
（1）	鞋子线稿扫描		使用"图像"——"调整"——"亮度/对比度"菜单命令，整体调整扫描图明暗和对比关系。
（2）	绘制鞋子主体色和明暗		①使用工具箱中的画笔工具为鞋子上色。②使用黑色画笔绘制鞋子的明暗立体效果。
（3）	绘制鞋子强反光材质区域		利用金属材质的表现方法进行该区域的绘制。
（4）	绘制鞋子鞋舌、LOGO 等部分		利用金属材质的表现方法进行 LOGO 的绘制
（5）	最终调整和背景处理		①使用白色画笔绘制鞋子的高光。②使用复制和水平翻转工具为鞋子绘制背景。

9.5.1　扫描鞋子线稿并调整亮度和对比度

（1）打开 Photoshop，执行"文件"——"新建"菜单命令，在弹出的"新建"对话框中，将其命名为"鞋子"，宽度和长度设置如图 9-207 所示。

（2）将在纸上绘制好的鞋子的线稿扫描至电脑，并将其置于新建的"鞋子"的文件中，生成"线稿"图层，调整大小和构图，如图 9-208 所示。

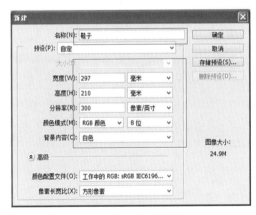

图 9-207　新建文件对话框

图 9-208　扫描线稿

（3）对"线稿"图层，执行"图像"——"调整"——"亮度/对比度"菜单命令，整体调整一下明暗和对比度，使线稿更加清晰明确，调整参数设置如图 9-209 所示，效果 9-210 所示。

图 9-209　亮度／对比度数值设置

图 9-210　处理线稿效果

9.5.2　绘制鞋子主体色和明暗

（1）新建"暗部"图层，使用 ✎（画笔工具），选择颜色为黑色，将画笔"硬度"适当降低，将鞋子的基本明暗绘制出来。在绘制暗部区域时，用笔要沿鞋子的外轮廓进行，注意应符合光照环境效果，绘制效果如图 9-211 所示。

图 9-211　运动鞋暗部绘制

（2）新建"主体色"图层，选择红色作为鞋子的主体颜色，具体数值设置为 f90000，使用 ✎（画笔工具）绘制鞋子的主体色，如图 9-212 所示。

（3）新建"红色明暗"图层，将红色区域的部分用白、黑 ✎（画笔工具）绘制明暗区域，以体现这部分区域的立体感和质感，如图 9-213 所示。

至此鞋子的主体部分绘制完毕。选择图层面板"创建新组"命令，将步骤中（1）～（3）绘制的各图层建立图层组并命名为"主体"。

图 9-212 运动鞋主体色绘制

图 9-213 红色区域明暗效果

9.5.3 绘制鞋子强反光材质区域

（1）鞋头区域要表现的材质是强反光的材质，在此可以利用金属材质的表现方法进行绘制。强反光材质的特点在于明暗对比强烈，同时灰面过渡均匀缓和。新建"鞋头暗"图层，使用黑色 ✐（画笔工具），将画笔"硬度"设置为 100%，沿鞋头轮廓绘制鞋头的暗部区域，如图 9-214 所示。

图 9-214 鞋头暗部区域绘制

（2）新建"鞋头灰"图层。使用黑色 ✐（画笔工具），将画笔"硬度"适当降低，绘制鞋头的灰色过渡区域，过渡要均匀缓和，塑造强反光材质的特点，如图 9-215 所示。

图 9-215　鞋头强反光效果 1

（3）新建"鞋头亮"图层。使用白色 ✏️（画笔工具）绘制鞋头的亮部区域，使得明暗对比强烈，这样鞋头的强反光材质效果就塑造完成了，绘制效果如图 9-216 所示。选择图层面板"创建新组"命令，将步骤（1）～（3）中绘制的各图层建立图层组并命名为"鞋头"。

图 9-216　鞋头强反光效果 2

（4）新建"鞋身暗"图层。利用前面的方法绘制鞋子其他高反光材质的暗部，如图 9-217 所示。

图 9-217　其他高反光位置绘制效果 1

（5）新建"鞋身灰"图层。使用黑色 ✏️（画笔工具），将画笔"硬度"适当降低，绘制该区域的灰色过渡区域，绘制的时候注意留白处理，如图 9-218 所示。至此鞋头部分绘制完毕。选择图层面板"创建新组"命令，将步骤（4）、（5）中绘制的各图层建立图层组并命名为"鞋身强反光"。

图 9-218 其他高反光位置绘制效果

（6）使用相同的方法绘制鞋子减震部分的暗部和亮部，塑造该区域
的明暗立体效果，如图 9-219 所示。

图 9-219 减震装置绘制

9.5.4 绘制鞋子鞋舌、LOGO 等部分

（1）新建"细节"图层。使用 ✎（画笔工具）分图层绘制鞋子的
网面部分，注意这部分区域的质感与前面质感的不同，同时注意把握着
部分光影空间感的处理，不能一味地平涂。效果如图 9-220 所示。

图 9-220 网面材质绘制

（2）新建"logo 暗"图层，使用黑色 ✎（画笔工具），将画笔"硬度"
设置为 100%，绘制鞋子 LOGO 的暗部区域，注意 LOGO 的留白处理，
如图 9-221 所示。

图 9-221　LOGO 绘制

（3）新建"logo 灰"图层，使用黑色 ✐（画笔工具），将画笔"硬度"适当降低，绘制 LOGO 的灰色过渡区域，过渡要均匀缓和，塑造强反光材质的特点。新建"logo 亮"图层，使用白色 ✐（画笔工具），绘制 LOGO 的亮部区域，并点出 LOGO 的高光，使得明暗对比强烈，这样 LOGO 的强反光和效果就塑造完成了，如图 9-222 所示。至此 LOGO 绘制完毕。选择图层面板"创建新组"命令，将步骤（1）～（3）中绘制的各图层建立图层组并命名为"logo"。

图 9-222　LOGO 最终绘制效果

9.5.5　最终调整和背景处理

（1）新建"高光"图层，使用白色画笔对鞋子进行高光线的处理，同时将鞋子的高光点出，这一步起到点睛的作用，绘制效果如图 9-223 所示。

图 9-223　高光处理效果

（2）将绘制完毕的所有图层选中复制，合并图层，生成"合并"图层。选择"合并"图层，执行"编辑"——"变换"——"水平翻转"菜单命令，使用"自由变换"命令调节其大小，如图 9-224 所示。

图 9-224　背景初步处理效果

（3）选择"合并"图层，执行"图像"——"调整"——"色相/饱和度"菜单命令，具体参数设置如图 9-225 所示，调整复制图层的颜色。对该图层执行"高斯模糊"操作，具体参数设置如图 9-226 所示，最后将该图层"不透明度"调整为 82%，运动鞋的最终绘制效果如图 9-227 所示。

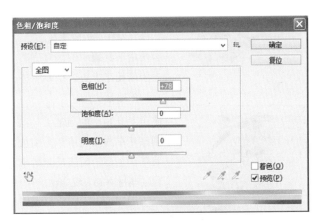

图 9-225　色相／饱和度相关数值

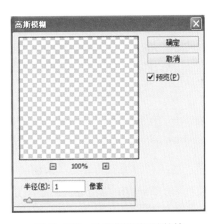

图 9-226　高斯模糊相关数值

图 9-227　运动鞋最终绘制效果

9.6　绘制摩托车

本实例主要学习使用 Photoshop 软件绘制摩托车。在绘制时，首先将摩托车的绘制分解为摩托车主体、摩托车反光镜和车前玻璃罩、发动机、轮毂和轮胎、文字以及背景阴影等部分。摩托车得绘制涵盖强反光材质和玻璃材质的表现、反光阴影表现等知识点，实例效果如图 9-228 所示。

图 9-228　摩托车绘制效果

产品绘制流程和部件分解见表 9-6 所示。

表 9-6　摩托车绘制流程和部件分解表

序号	名　称	绘 制 效 果	所用工具和要点说明
(1)	起线稿并绘制摩托车主体		①使用工具箱中的画笔工具绘制摩托车的轮廓线。②使用工具箱中的画笔工具为摩托车上色，绘制主体和车把等。
(2)	绘制摩托车反光镜和车前玻璃罩		使用工具箱中的画笔工具绘制摩托车的反光镜和车前玻璃罩，主要学习强反光材质和玻璃材质的表现方法。
(3)	绘制摩托车的发动机部分		使用工具箱中的画笔工具绘制摩托车的发动机部分。
(4)	绘制摩托车的轮毂和轮胎等		使用工具箱中的画笔工具绘制摩托车的轮毂和轮胎等。
(5)	绘制摩托车的文字及背景阴影		①使用文字工具盒自由变形工具为摩托车添加 LOGO 文字等。②整体调整一下明暗和对比，整体微调。③使用复制和自由变形工具为摩托车绘制反光阴影。

9.6.1 绘制摩托车线稿及主体色

（1）打开 Photoshop，执行"文件"——"新建"菜单命令，在弹出的"新建"对话框中，将其命名为"摩托车"，宽度和长度设置如图 9-229 所示。

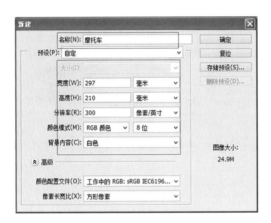

图 9-229 新建文件对话框

（2）新建"线稿"图层，使用 ✎（画笔工具），利用压感笔选择合适的笔刷在画面中进行摩托车线稿的绘制，绘制效果如图 9-230 所示。

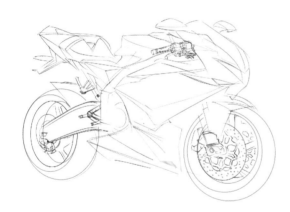

图 9-230 摩托车线稿绘制

（3）新建"车身主体色"图层，将该图层置于线稿图层下面，将"前景色"设置为绿色，具体数值为 #6af236，使用 ✎（画笔工具）绘制，效果如图 9-231 所示。

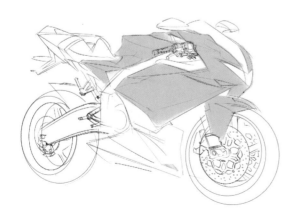

图 9-231 车身主体色绘制

（4）新建"车身暗部"图层，使用灰色 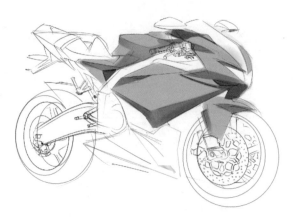（画笔工具），颜色具体设置为 #303e00，绘制摩托车车身的暗部区域。在绘制过程中根据暗部位置的不同，适当调节画笔的"不透明度"和"流量"相关数值，以保证暗部效果处理自然，绘制效果如图 9-232 所示。

图 9-232　车身主体暗部绘制

（5）新建"车身亮部"图层，使用白色 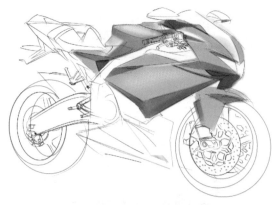（画笔工具），将画笔的"不透明度"和"流量"适当降低，绘制摩托车车身的亮部区域，绘制效果如图 9-233 所示，摩托车车身的立体感就塑造完成了。

图 9-233　车身主体亮部绘制

（6）新建"车把"图层，使用深灰色 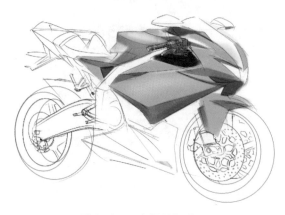（画笔工具），颜色具体数值为 #323432，绘制摩托车车把区域，由于车把部分并不是表现的重点，为避免喧宾夺主，简单上色即可，绘制效果如图 9-234 所示。

图 9-234　车把绘制效果

（7）新建"车把高光"图层，使用白色 ✎（画笔工具）绘制摩托车车把的亮部高光区域，如图 9-235 所示。

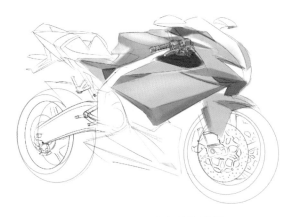

图 9-235　车把亮部绘制效果

9.6.2　绘制摩托车反光镜和车前玻璃罩

（1）反光镜要表现的材质是强反光的材质，在此可以利用金属材质的表现方法进行绘制。强反光材质的特点在于明暗对比强烈，同时灰面过渡均匀缓和。新建"反光镜"图层，使用黑色 ✎（画笔工具），将画笔"硬度"设置为 100%，沿反光镜轮廓绘制反光镜暗部区域，绘制效果如图 9-236 所示。

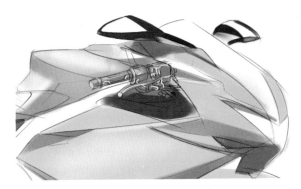

图 9-236　反光镜绘制效果

（2）使用黑色 ✎（画笔工具），将画笔"硬度"适当降低，绘制反光镜的灰色过渡区域，过渡要均匀缓和，塑造强反光材质的特点，绘制效果如图 9-237 所示。

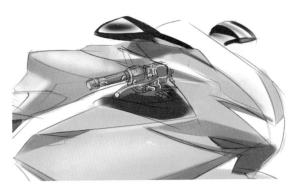

图 9-237　反光镜过渡区绘制

（3）新建"黄色玻璃罩"图层，绘制挡风玻璃罩，使用黄色 （画笔工具），具体数值为 #fdffd0，绘制挡风玻璃罩的主体色，绘制效果如图 9-238 所示。

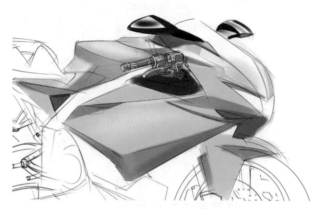

图 9-238　挡风玻璃罩绘制（1）

（4）新建"玻璃暗部"图层，使用黑色 （画笔工具），将画笔"硬度"设置为 100%，沿挡风玻璃轮廓绘制玻璃材质效果，如图 9-239 所示。

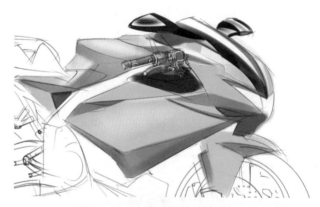

图 9-239　挡风玻璃罩绘制（2）

（5）新建"玻璃反光"图层，使用蓝色 （画笔工具），具体数值为 #05d7f6，将画笔"硬度"适当降低，绘制挡风玻璃的亮部区域，蓝色来自于挡风玻璃对天空的反射，绘制效果如图 9-240 所示。

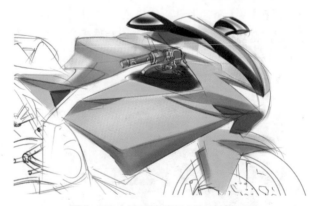

图 9-240　挡风玻璃罩反射效果绘制

（6）新建"车灯"图层，使用灰色 （画笔工具），具体数值设置为 #cac9c9，将画笔"硬度"适当降低，绘制如图 9-241 所示的前车灯。

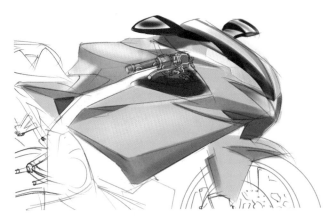

图 9-241 车前灯绘制效果

（7）新建"车灯高光"图层，使用白色 ✎（画笔工具）绘制摩托车车把前车灯的亮部高光区域，如图 9-242 所示。

图 9-242 前车灯亮部区域

9.6.3 绘制摩托车发动机部分

（1）新建"发动机内部"图层，使用深灰色 ✎（画笔工具），具体数值为 #525151，绘制摩托车主体下面暗部区域，如图 9-243 所示。

图 9-243 摩托车主体下面暗部区域绘制

（2）新建"发动机外部"图层，使用灰色 ✎（画笔工具），具体数值设置为 #949494，绘制摩托发动机区域，如图 9-244 所示。

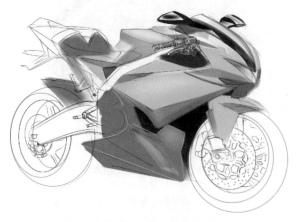

图 9-244　摩托车发动机区域绘制 1

（3）新建"发动机明暗"图层，使用黑色 ✎（画笔工具）塑造摩托车发动机区域的立体明暗效果，绘制效果如图 9-245 所示。

图 9-245　发动机区域明暗效果

（4）新建"车架"图层，使用灰色 ✎（画笔工具），具体数值设置为 #b8b7b7，绘制摩托车架区域，绘制效果如图 9-246 所示。

图 9-246　摩托车车架绘制

（5）新建图层"车架暗部"和"车架亮部"，分别使用黑色和白色 ✎（画笔工具）绘制摩托车架区域的暗部和亮部，塑造该区域的明暗立体效果。

绘制效果如图 9-247 所示。

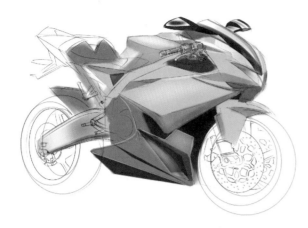

图 9-247　车架区域绘制效果

（6）使用相同的方法绘制摩托车发动机等其他部分，如图 9-248 所示。

图 9-248　发动机其他部分绘制效果

（7）新建"其余车架"图层，使用深黄色 （画笔工具），具体数值为 #cfbc1a，绘制摩托车车架的其他部分，如图 9-249 所示。

图 9-249　摩托车车架其他部分绘制效果

9.6.4　绘制摩托车的轮毂和轮胎等

（1）新建"轮毂主色"图层，设置"前景色"为 #1e7c450，使用

（画笔工具）绘制初步轮毂，效果如图 9–250 所示。

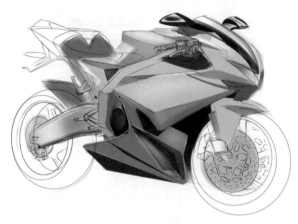

图 9–250　轮毂绘制效果 1

（2）新建"轮毂暗部"图层，使用灰色 ✎（画笔工具），具体数值设置为 #565555，选择合适的笔刷，适当调整"不透明度"和"流量"，绘制摩托车架区域轮毂，绘制效果如图 9–251 所示。

图 9–251　轮毂绘制效果 2

（3）新建"轮胎"图层，使用黑色 ✎（画笔工具），绘制摩托车的轮胎，绘制效果如图 9–252 所示。

图 9–252　轮胎绘制效果

（4）新建"车尾"图层，绘制摩托车的车尾，绘制效果如图 9–253 所示。

图 9-253　摩托车车位绘制效果

9.6.5　绘制摩托车的 LOGO 文字及背景阴影

（1）新建"图案"图层，使用 ✐（画笔工具），选择合适笔刷效果，绘制如图 9-254 所示的图案。

图 9-254　摩托车车体图案效果

（2）使用 T.（横排文字工具）输入文字"RACING"，文字颜色为黑色，然后选择文字图层将其栅格化。执行"编辑"——"变换"——"斜切"菜单命令，调节文字图层的透视效果，绘制效果如图 9-255 所示。

图 9-255　文字处理效果

（3）新建"高光"图层，使用白色 ✐（画笔工具）对摩托车进行细节的高光点和高光线进行处理，绘制效果如图 9-256 所示。

图 9-256　高光点和高光线绘制效果

（4）将绘制完毕的所有图层选中复制并合并图层，生成"合并副本"图层。对该图层执行"图像"——"调整"——"亮度 / 对比度"菜单命令。对该图层执行"编辑"——"变换"——"垂直翻转"菜单命令，整体调整一下明暗和对比，绘制效果如图 9-257 所示。

图 9-257　倒影绘制效果

（5）选择"合并副本"图层，使用"滤镜"——"模糊"——"高斯模糊"工具进行模糊处理，并调节图层"不透明度"为 69%。为该图层添加▣（蒙版工具），使用✐（画笔工具）将图层底部适当擦除，"高斯模糊"参数的相关设置如图 9-258 所示，最终绘制效果如图 9-259 所示。

图 9-258　高斯模糊相关设置

图 9-259　摩托车最终绘制效果

9.7 绘制汽车

本实例主要学习使用 Photoshop 软件绘制汽车。在绘制时，首先将汽车的绘制分解为汽车轮廓线、汽车主体色、汽车立体明暗绘制、汽车车窗和细节、汽车的高光绘制和整体调整等，实例效果如图 9-260 所示。

图 9-260 汽车绘制效果

产品绘制流程和部件分解见表 9-7 所示。

表 9-7 汽车绘制流程和部件分解表

序号	名　称	绘 制 效 果	所用工具和要点说明
(1)	绘制汽车轮廓线		使用工具箱中的画笔工具绘制汽车的轮廓线。
(2)	绘制汽车主体色		①使用工具箱中的画笔工具为汽车上色。②使用滤镜中的添加杂色命令模拟车漆效果。
(3)	绘制汽车立体明暗		分别使用白色画笔和黑色画笔绘制汽车的明暗立体效果。
(4)	绘制汽车车窗和细节		使用工具箱中的画笔工具绘制汽车的车窗和其他细节。
(5)	绘制汽车的高光和整体调整		①使用白色画笔绘制汽车的高光。②整体调整一下明暗和对比，整体微调。

9.7.1 绘制汽车线稿

（1）打开 Photoshop，执行"文件"——"新建"菜单命令，在弹出的"新建"对话框中将其命名为"汽车"，宽度和长度设置如图 9-261 所示。

图 9-261　新建文件对话框

（2）新建"线稿"图层，使用工具箱中的 ✐（画笔工具），选择合适的笔刷，勾勒出汽车的基本大小和位置，如图 9-262 所示。这一步的关键之处在于大形的勾勒要符合构图的基本原则。

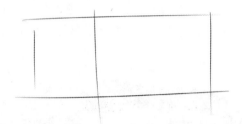

图 9-262　汽车大形线框

（3）使用 ✐（画笔工具）绘制出汽车的方向和基本形体趋势，如图 9-263、图 9-264 所示。绘制时可以大胆用笔，因为这部分用线作为辅助线最后要擦除。

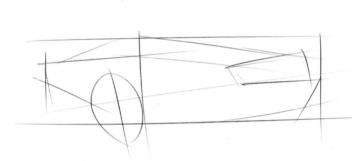

图 9-263　线稿 2

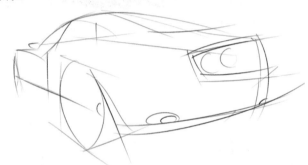

图 9-264　线稿 3

（4）深入汽车形体的绘制，注意用线要流畅肯定，可以将之前的辅助线透明度调高或者索性擦掉。绘制出汽车的轮胎、车灯等重要组成部分，注意对汽车重点转折边缘线作加强处理，以增加车体的立体感，继续深化线稿，如图 9-265 所示。

（5）擦除不必要的线条和多余的辅助线，将线条处理干净，至此线稿绘制完毕，如图 9-266 所示。

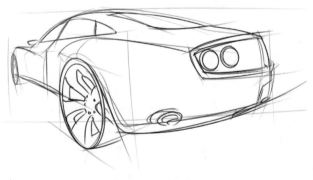

图 9-265　线稿 4

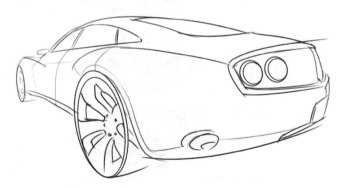

图 9-266　线稿绘制完毕

9.7.2　绘制汽车主体色

（1）新建 "主体色" 图层，将该图层置于线稿图层下面，将 "前景色" 设置为 #ac3500，选择 ✐（画笔工具），调至合适的颜色和笔刷，利用大笔刷将车的主体颜色铺出，这一步注意整体光影空间感的处理，不能一味地平涂，得到如图 9-267 所示的效果。

（2）为了模拟汽车主体车漆的磨砂效果，选择"主体色"图层，执行"滤镜"——"杂色"——"添加杂色"命令，具体数值设置及绘制效果如图 9-268、图 9-269 所示。

图 9-267　汽车主体色绘制

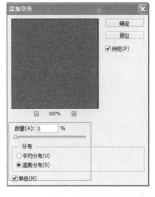

图 9-268　添加杂色相关数值设置

图 9-269　杂色添加效果

（3）新建"暗部"图层，使用黑色 ✏ （画笔工具）绘制车的暗部，主要是和地面接触部分的阴影以及轮胎、轮毂的明暗关系，从而衬托出上部分区域车的主体，绘制车轮毂时注意留白区域的控制，绘制效果如图 9-270 所示。

图 9-270　汽车暗部绘制

（4）新建"车尾"层，使用灰色 ✏ （画笔工具），具体数值为 #979797，绘制车尾部的灰色部分。新建"尾灯"图层，选择蓝色 #00a2ff ✏ （画笔工具），绘制车的尾灯部分，绘制时避免一味平涂，注意立体感的把握，效果如图 9-271 所示。

图 9-271　汽车尾灯绘制

9.7.3　绘制汽车的立体明暗效果

（1）新建"车体亮部"图层，绘制车的亮部区域，使用工具箱中的
[钢笔工具]（钢笔工具）绘制如图 9-272 所示路径，绘制完成后将其转换为选区。
执行"选择"——"反向"菜单命令，这一步的目的在于下一步绘制亮
部区域时，亮色笔刷能够在选区内进行绘制，使绘制变的更加准确。

图 9-272　绘制亮部选区

（2）利用白色[画笔工具]（画笔工具），将画笔"硬度"适当降低，在车
的亮部区域进行绘制，绘制效果如图 9-273 所示。

图 9-273　汽车亮部绘制（1）

（3）绘制其余亮部区域，以突出车体的质感和立体感，绘制效果如
图 9-274 所示。

（4）绘制完亮部后，新建"对比加强"图层，在明暗交界线区域用
深色[画笔工具]（画笔工具）加强一下对比，使得车体更加突出。将"前景色"
设置为黑色，使用[画笔工具]（画笔工具），适当降低画笔的"不透明度"和"流
量"。需要注意汽车受光、反光的亮部区域和暗部区域的对比关系，同
时要注意应符合光照环境效果，绘制效果如图 9-275 所示。

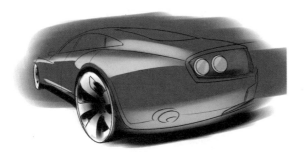

图 9-274 汽车亮部绘制（2）

图 9-275 加深对比效果

9.7.4 绘制汽车的车窗等细节

（1）新建"车窗"图层，使用黑色 ![画笔] （画笔工具）绘制车窗，注意绘制时笔刷颜色的均匀性，绘制效果如图 9-276 所示。

图 9-276 车窗绘制

（2）新建"车窗亮部"图层，将车窗的高光部分使用白色 ![画笔] （画笔工具）绘制出来，新建"其余亮部"图层，同时将尾灯的高光区域一同绘制完毕，以体现这部分区域的立体感和质感，如图 9-277 所示。

图 9-277 汽车亮部绘制

9.7.5　绘制汽车的高光和整体调整

（1）新建"高光"图层，使用白色 （画笔工具）绘制汽车高光，注意绘制高光点时，根据自然界的光影规律，高光点往往呈直线排列，绘制效果如图 9–278 所示。

图 9–278　汽车高光点绘制

（2）利用 （橡皮擦工具）调节车体细节的透明度，对汽车的高光点和高光线进行细节处理，增强汽车车漆质感的效果，最后分图层执行"图像"——"调整"——"亮度 / 对比度"菜单命令，整体调整一下明暗和对比，汽车的最终绘制效果如图 9–279 所示。

图 9–279　汽车最终绘制效果

9.8　绘制沙滩车

本实例主要学习使用 SAI 软件绘制沙滩车。在绘制时，首先将沙滩车的绘制分解为主体明暗关系绘制；车灯与车轮绘制；背景绘制；肌理与背景调整等。在绘制沙滩车时主要学习整体铺设色调的表现方法与特效背景处理方法，实例效果如图 9–280 所示。

图 9–280　沙滩车绘制效果

产品绘制流程和部件分解见表 9-8 所示。

表 9-8　沙滩车绘制流程和部件分解表

序号	名　称	绘　制　效　果	所用工具和要点说明
（1）	起线稿并绘制沙滩车主体		①使用画笔绘制沙滩车的轮廓线。②分别使用红色画笔、黑色画笔、灰色画笔绘制交通工具的明暗立体效果。
（2）	绘制背景		使用图层设置绘制背景。
（3）	肌理与背景调整		使用图层设置绘制肌理，并调整背景。

9.8.1　沙滩车线稿及主体色绘制

（1）新建一个横版 A3 大小的 SAI 文件，并且新建"线稿"图层，用直径为 2 的"铅笔"绘出线稿，绘制效果如图 9-281 所示。

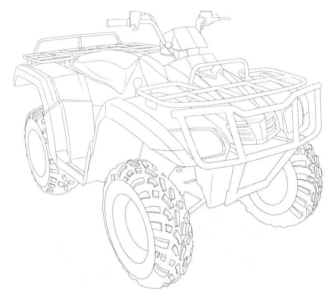

图 9-281　沙滩车线稿

（2）新建三个图层，分别为"深灰"、"浅灰"、"红"，效果如图 9-282 所示。将沙滩车主要分色为红色、深灰色、浅灰色三个部分，分别将每种颜色填充在三个图层内，红、深灰、浅灰的数值分别为 #d42522、#d42522、#d42522，绘制效果如图 9-283 所示。

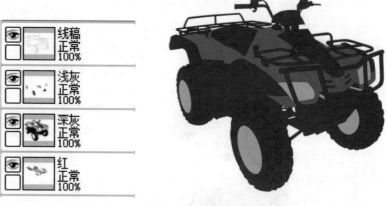

图 9-282　图层设置图　　　　图 9-283　主体基本填充效果

（3）将"红"图层勾选"保护不透明度"，画出红色车体上的明暗色彩变化，颜色选取与主体同色相的不同明度的红色，绘制效果如图 9-284 所示。

图 9-284　红色部分绘制效果

（4）在"深灰"图层上画出深灰色部分的色彩变化，绘制效果如图 9-285 所示。

图 9-285　深灰色部分绘制效果

（5）利用喷枪在"深灰"图层中画出车架、车座等色彩变化边界较为柔和的部分，绘制效果如图 9-286 所示，绘制时利用 ✐（魔棒）来选择，首先将线稿图层"指定为选取来源",再将 🖊（魔棒）的抽取来源设置为"指定为选取来源的图层",这样可以在对深灰色部分的图层进行编辑时,通过线稿图层来确定选区,具体参数设置如图 9-287 所示。

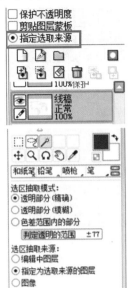

图 9-286　深灰色绘制效果图　　　图 9-287　深灰色图层相关设置

（6）使用步骤（5）相同的方法,绘制车轮与车灯部分,在"浅灰"图层上绘制车灯,堆叠几个黑色与浅灰色的色块,营造折射的感觉,沙滩车的主体部分就绘制完成了,绘制效果如图 9-288 所示。

图 9-288　沙滩车主体部分绘制效果

9.8.2　绘制沙滩车背景

（1）打开光盘 \ 素材 \ 第 9 章 \9.8 沙滩车绘制案例素材文件夹中的背景造型图、色彩纹理图、材质肌理图与喷溅的素材图,如图 9-289 所示。首先将色彩纹理素材图放入图像,置于图层的最底部,生成"色彩背景"图层,效果如图 9-290 所示。再将"形状背景 1"放在其上方,并调整到合适的位置,效果如图 9-291 所示。

图 9-289　背景素材

图 9-290　色彩背景效果

图 9-291　"形状背景 1"效果 1

　　（2）将"形状背景 1"图层"混合模式"设置为滤色，参数设置如图 9-292 所示，这样就能在该造型的基础上显示出底部图层的色彩纹路，绘制效果如图 9-293 所示。

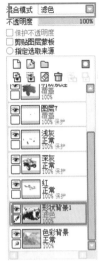

图 9-292　"形状背
景 1"图层设置

图 9-293　"形状背景 1"绘制效果 2

9.8.3　肌理添加及整体效果调整

（1）将"材质肌理"图层放入线稿图层的下方，用 ∕（魔棒）选中沙滩车以外的区域，效果如图 9-294 所示，单击图层面板中的清除键，如图 9-295 所示。留下汽车造型的肌理图层，处理效果如图 9-296 所示。

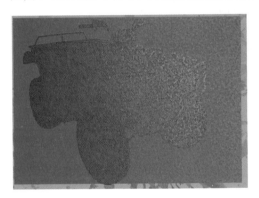

图 9-294　肌理范围

图 9-295　清除键

图 9-296　肌理添加初步效果

（2）将"材质肌理"图层的"混合模式"改为覆盖，参数设置如图 9-297 所示，材质效果就附在了车体上，效果如图 9-298 所示。

图 9-297　"材质肌理"
图层设置

图 9-298　材质肌理绘制效果

（3）将"形状背景2"图层放置最上部，选中空白部分并清除，效果如图9-299所示。在滤镜中将其明度调为最高，参数设置如图9-300所示。调整位置后，沙滩车的最终绘制效果如图9-301所示。

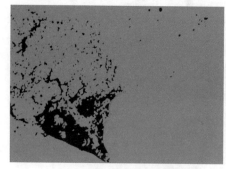
图 9-299　形状背景 2

图 9-300　滤镜相关设置

图 9-301　沙滩车最终绘制效果

9.9　绘制工程车

本实例主要学习使用 SAI 软件绘制工程车辆。在绘制时，首先将工程车辆的绘制分解为主体色绘制、分层色绘制、背景处理、整体调整等。本实例主要介绍了多种背景综合使用的表现方法，实例效果如图 9-302 所示。

图 9-302　工程车绘制效果

产品绘制流程和部件分解见表 9-9 所示。

表 9-9 工程车绘制流程和部件分解表

序号	名 称	绘 制 效 果	所用工具和要点说明
(1)	工程车线稿绘制及整体设色		①使用铅笔工具绘制工程车的轮廓线。②使用油漆桶对工程车进行整体设色。
(2)	绘制工程车分层设色		使用油漆桶和图层功能对工程车进行分层设色。
(3)	绘制工程车色彩及背景		使用马克笔对工程车施加色彩及特殊背景绘制。
(4)	工程车肌理添加及效果调整		利用图层功能添加工程车肌理，并综合考虑调整整体效果。

9.9.1 工程车线稿绘制及整体设色

（1）新建一个 A3 大小的 SAI 文件，新建"线稿"图层，使用直径为 2 的"铅笔"画出线稿，绘制效果如图 9-303 所示。

图 9-303 工程车线稿

（2）使用 ✐（魔棒）选中工程车以外的部分，效果如图 9-304 所示。单击反选按键后选中工程车的部分，参数设置及绘制效果如图 9-305

所示。新建"工程车主体"图层，选取 #787878 颜色后使用油漆桶填充，参数设置及绘制效果如图 9-306、图 9-307 所示。

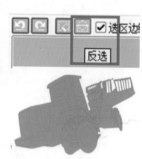

图 9-304　工程车选区　　　　图 9-305　反选效果

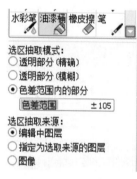

图 9-306　油漆桶填色　　　　图 9-307　工程车整体填充效果

9.9.2　绘制工程车分层设色

（1）将 9.9.1 小节中步骤（2）的填充图层设置"保护不透明度"，如图 9-308 所示，将线稿图层"指定选取来源"，如图 9-309 所示，"油漆桶"工具设置如图 9-310 所示。根据产品明暗用灰度颜色在填充图层中进行分色填充，填充效果如图 9-311 所示。

（2）利用各阶灰度颜色，对工程车进行进一步的细节绘制，使用"喷枪"与"铅笔"等工具画出较为细微的色块及高光、缝隙等部分，效果如图 9-312 所示。

图 9-308　"保护不透明度"设置

图 9-309　"指定选取来源"设置

图 9-311　工程车分层设色效果

图 9-310　"指定为选取来源的图层"选项

图 9-312　工程车细节设色效果

9.9.3　绘制工程车色彩及背景

（1）打开光盘 / 素材 / 第 9 章 /9.9 工程车绘制案例素材，将"地面素材"放入图像中，生成"地面背景"图层，擦除工程车底边的形状以相适应，绘制效果如图 9-313 所示。

图 9-313　地面背景绘制效果

（2）在"工程车主体"图层上方新建"车体颜色"图层，选择马克笔，如图 9-314 所示。在该图层内，按照相应位置主要使用 #ed9100、#fcc463、#462b00 三种颜色涂抹出工程车的颜色，绘制效果如图 9-315 所示。

图 9-314　马克笔设置　　　　图 9-315　主体色彩初步效果

（3）将"车体颜色"图层的"混合模式"设置为覆盖，如图 9-316 所示，将色彩附在工程车主体上，绘制效果如图 9-317 所示。

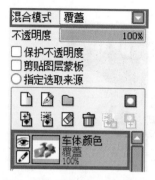

图 9-316　图层混合模式设置

图 9-317　工程车色彩绘制效果

（4）打开光盘\素材\第 9 章\9.9 工程车绘制案例素材文件，将如图 9-318 所示的"楼房素材"放入图像中，生成"楼房背景"图层，并将位置调整至最底部，如图 9-319 所示。

图 9-318　楼房素材

图 9-319　楼房素材添加效果

（5）在楼房的背景图层上新建"绿色笔刷背景"图层，降低"马克笔"的笔刷"浓度"，具体参数设置如图 9-320 所示，使用绿色 #979f94 笔刷在该图层中较随意地画出发散状的图形，绘制效果如图 9-321 所示。

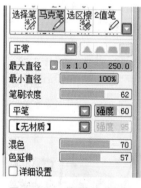

图 9-320　笔刷浓度设置

图 9-321　笔刷背景绘制

（6）在最顶部新建"发散造型背景"图层，使用黑色"马克笔"涂抹出居中的发散造型，绘制效果如图 9-322 所示，将该图层的"混合模式"设置为滤色，则整个图像呈现出此造型，效果如图 9-323 所示。

（7）打开光盘\素材\第 9 章\9.9 工程车绘制案例素材文件，将如图 9-324 所示的"水花素材"放入图像的顶部，生成"水花背景"图层并调整位置，效果如图 9-325 所示，再将图层"混合模式"设置为滤色，图像中显示出白色水花的效果，绘制效果如图 9-326 所示。

图 9-322 发散造型

图 9-323 发散造型背景效果

图 9-324 水花素材

图 9-325 水花素材放置位置

图 9-326 水花背景添加效果

9.9.4 添加工程车肌理及调整效果

（1）打开光盘 \ 素材 \ 第 9 章 \9.9 工程车绘制案例素材，选择如图 9-327 所示的肌理素材图，将其放到工程车图层上方，生成"肌理"图层。使用 ✎（魔棒）选中车以外的空白区域，单击素材图层使其处于编辑状态，选择清除图层，清除素材中多余的部分，绘制效果如图 9-328 所示。

图 9-327 肌理素材

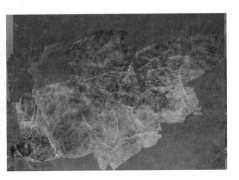

图 9-328 肌理素材填充位置

（2）将该图层的"混合模式"改为覆盖，工程车上被覆盖了一层肌理效果，最终绘制效果如图 9-329 所示。

图 9-329　工程车最终绘制效果

9.10　课堂总结

通过上述 9 个实例的绘制，相信大家对于 Photoshop 与 SAI 软件的使用已经比较熟练。绘制一幅效果到位的产品效果图，仅仅熟练使用软件还不够，还需要大家具有对产品的正确形体分析及绘制效果的预见能力。这样，产品设计计算机快速表达的图像效果才能满足产品各项指标的介绍和审美标准。

9.11　课后练习

1. 使用 Photoshop 软件绘制如图 9-330 所示的相机效果。
2. 使用 Photoshop 软件绘制如图 9-331 所示的概念交通工具效果。

图 9-330　卡式相机绘制效果

图 9-331　概念车绘制效果

第 *10* 章　优秀作品赏析

通过对前面章节的学习，我们已经了解产品设计计算机快速表达绘制的一般流程和方法，同时对 photoshop 和 SAI 软件的常见命令、工具以及数位板配合使用的技巧也有了一定的了解和掌握。在绘制过程中，我们感受到了数位板和二维绘图软件为产品设计计算机快速表达提供的无限可能性。在对绘制软件的常见命令和工具认真学习之余，一张完美的产品效果图的产生还依赖于设计师自身对客观事物的观察能力和日常经验的积累。因此在绘制学习中要多留意、观察和揣摩不同的产品及现有效果图的特点和绘制方法，帮助我们在以后设计创作中厚积薄发。本章节给读者提供了一些国内外的优秀数位板绘制产品案例，希望对大家的学习和临摹提供素材。

10.1　家电类产品欣赏

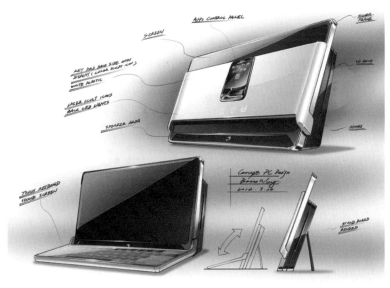

图 10-1

图 10-2

199

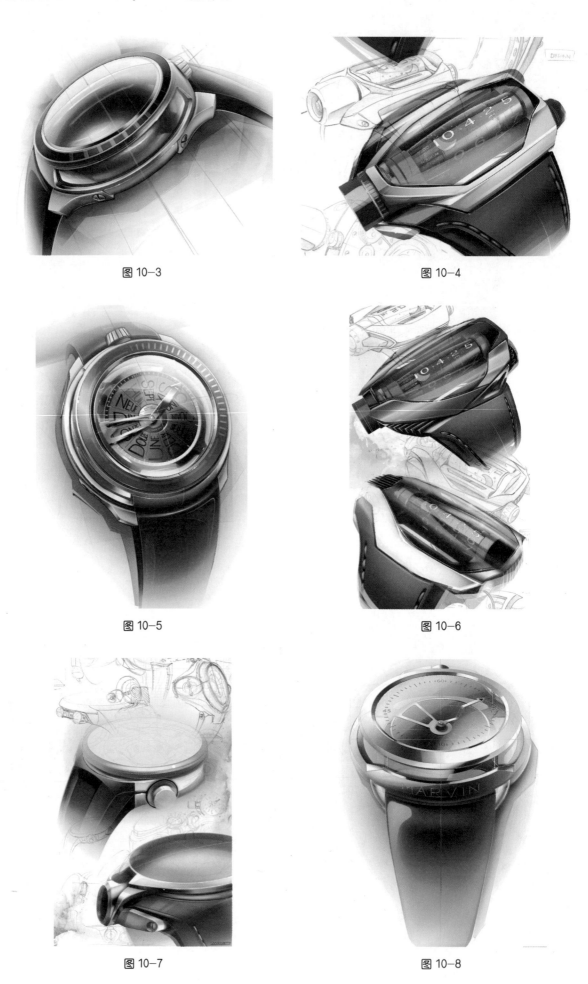

图 10—3

图 10—4

图 10—5

图 10—6

图 10—7

图 10—8

图 10-9

图 10-10

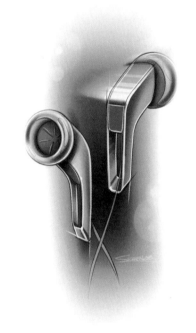

图 10-11

图 10-12

图 10-13

图 10-14

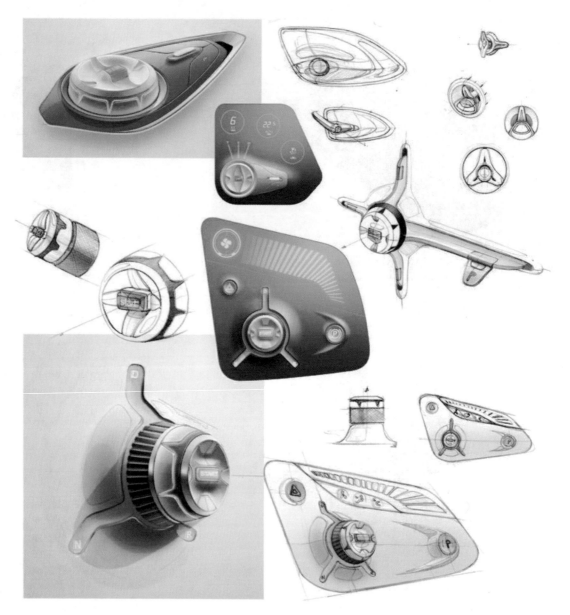

图 10—15

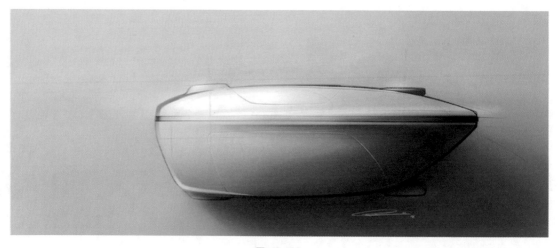

图 10—16

10.2　交通工具类产品欣赏

图 10—17

图 10—18

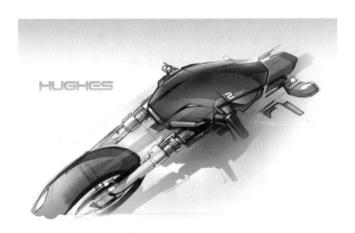

图 10—19

图 10—20

图 10—21

图 10—22

图 10—23

图 10—24

图 10—25

图 10—26

图 10—27

图 10—28

图 10—29

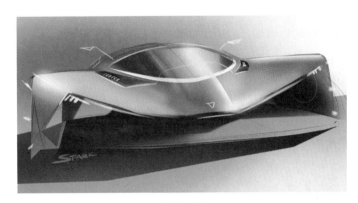

图 10—30

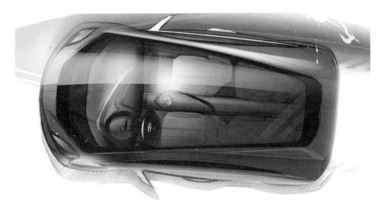

图 10—31

图 10—32

图 10—33

图 10—34

图 10—35

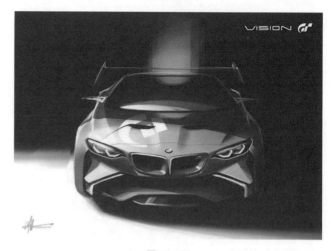

图 10—36

图 10—37

图 10—38

图 10—39

图 10—40

图 10—41

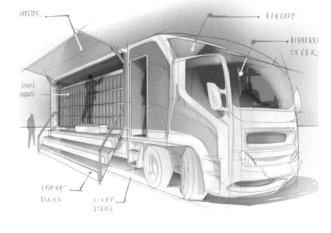

图 10—42

图 10—43

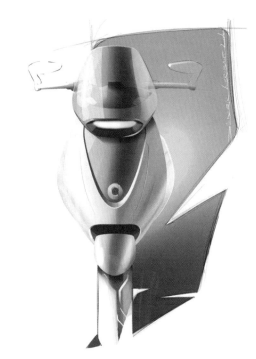

图 10—44

图 10—45

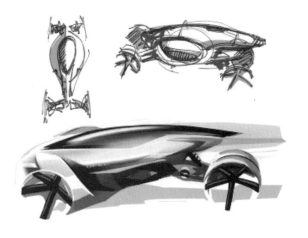

图 10—46

图 10—47

图 10—48

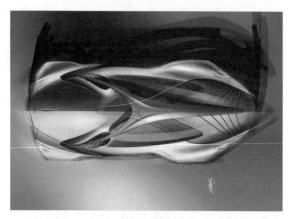

图 10—49

图 10—50

图 10—51

图 10—52

图 10—53

图 10—54

图 10—55

图 10—56

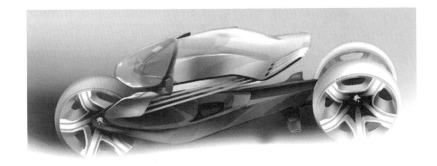

图 10—57

图 10—58

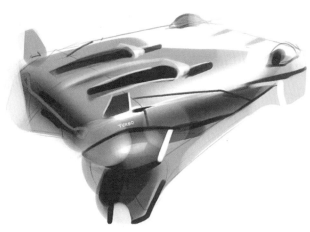

图 10—59

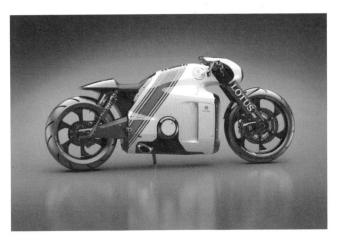

图 10—60

图 10—61

图 10—62

图 10—63

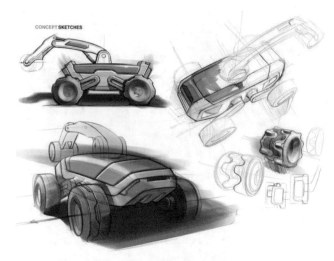

图 10—64

图 10—65

图 10—66

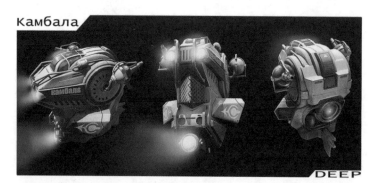

图 10—67

图 10—68

图 10—69

图 10—70

图 10-71

图 10-72

图 10-73

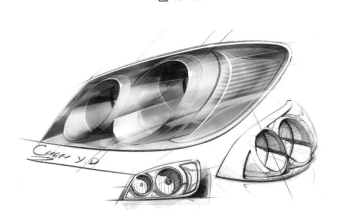

图 10-74

图 10-75

图 10-76

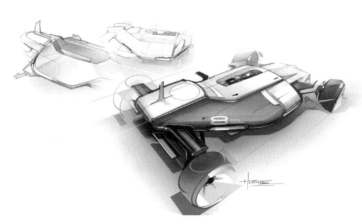

图 10-77

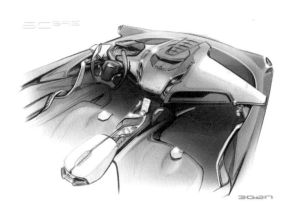

图 10-78

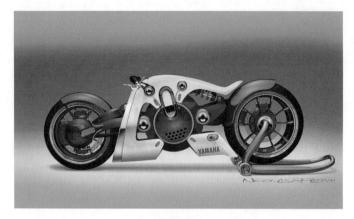

图 10—79

图 10—80

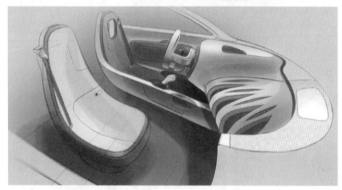

图 10—81

图 10—82

10.3 其他产品欣赏

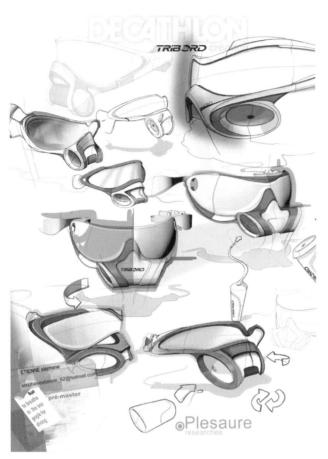

图 10-83

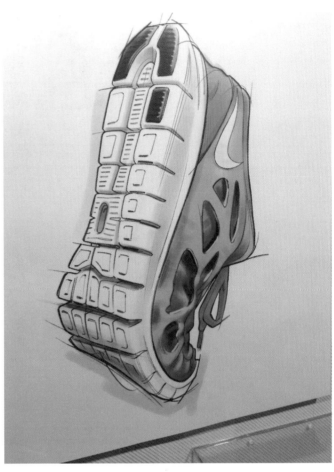

图 10-84

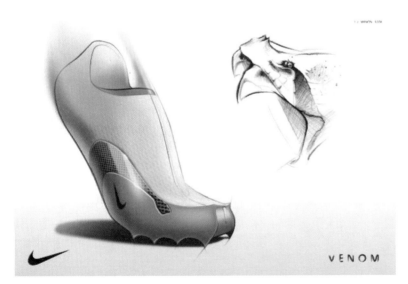

图 10-85

图 10-86

图 10—87

图 10—88

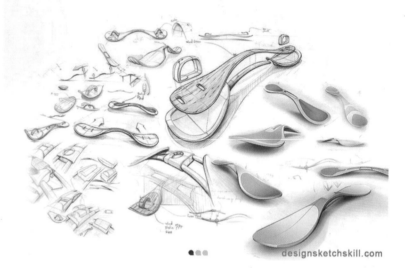

图 10—89

图 10—90

图 10—91